西方心理学大师经典译丛
主编 郭本禹

# 人的自我寻求

*Man's Search for Himself*

[美] 罗洛·梅 著
Rollo May

郭本禹 方红 译

中国人民大学出版社
·北京·

# 总译序
## 感悟大师无穷魅力　品味经典隽永意蕴

美国心理学家查普林与克拉威克在其名著《心理学的体系和理论》中开宗明义地写道:"科学的历史是男女科学家及其思想、贡献的故事和留给后世的记录。"这句话明确地指出了推动科学发展的两大动力源头:大师与经典。

## 一

何谓"大师"?大师乃是"有巨大成就而为人所宗仰的学者"①。大师能够担当大师范、大导师的角色,大师总是导时代之潮流、开风气之先河、奠学科之始基、创一派之学说,大师必须具有伟大的创造、伟大的主张、伟大的思想乃至伟大的情怀。同时,作为卓越的大家,他们的成就和命运通常都与其时代相互激荡。

作为心理学大师还须具备两个特质。首先,心理学大师是"心理世界"的立法者。心理学大师之所以成为大师,在于他们对心理现象背后规律的系统思考与科学论证。诚然,人类是理性的存在,是具有思维能力的高等动物,千百年来无论是习以为常的简单生理心理现象,还是诡谲多变的复杂社会心理现象,都会引发一般大众的思考。但心理学大师与一般人不同,他们的思考关涉到心理现象背后深层次的、普遍性的与高度抽象的规律。这些思考成果或试图揭示出寓于自

---

① 《辞海(缩印本)》,275页,上海,上海辞书出版社,2002。

然与社会情境中的心理现象的本质内涵与发生方式；或企图诠释某一心理现象对人类自身发展与未来命运的意义和影响；抑或旨在剥离出心理现象背后的特殊运作机制，并将其有意识地推广应用到日常生活的方方面面。他们把普通人对心理现象的认识与反思进行提炼和升华，形成高度凝练且具有内在逻辑联系的思想体系。因此，他们的真知灼见和理论观点，不仅深深地影响了心理科学发展的命运，而且更是影响到人类对自身的认识。当然，心理学大师的思考又是具有独特性与创造性的。大师在面对各种复杂心理现象时，他们的脑海里肯定存在"某种东西"。他们显然不能在心智"白板"状态下去观察或发现心理现象背后蕴藏的规律。我们不得不承认，所谓的心理学规律其实就是心理学大师作为观察主体而"建构"的结果。比如，对于同一种心理现象，心理学大师们往往会做出不同的甚至截然相反的解释与论证。这绝不是纯粹认识论与方法论的分歧，而是对心灵本体论的承诺与信仰的不同，是他们所理解的心理世界本质的不同。我们在此借用康德的名言"人的理性为自然立法"，同样，心理学大师是用理性为心理世界立法。

其次，心理学大师是"在世之在"的思想家。在许多人看来，心理学大师可能是冷傲、孤僻、神秘、不合流俗、远离尘世的代名词，他们仿佛背负着真理的十字架，与现实格格不入，不食人间烟火。的确，大师们志趣不俗，能够在一定程度上超脱日常柴米油盐的束缚，远离俗世功名利禄的诱惑，在以宏伟博大的人文情怀与永不枯竭的精神力量投身于实现古希腊德尔菲神庙上"认识你自己"之伟大箴言的同时，也凸显出其不拘一格的真性情、真风骨与真人格。大凡心理学大师，其身心往往有过独特的经历和感受，使之处于一种特别的精神状态之中，由此而产生的灵感和顿悟，往往成为其心理学理论与实践的源头活水。然而，心理学大师毕竟不是超人，也不是神人。他们无不成长于特定历史的社会与文化背景之下,生活在人群之中,并感受着平常人的喜怒哀乐,体验着人间的世态炎凉。他们中的大多数人或许就像牛顿描绘的那般:"我不知道世上的人对我怎样评价。我却这样认为:我好像是在海上玩耍,时而发现了一个光滑的石子儿,时而发现一个美丽的贝壳而为之高兴的孩子。尽管如此,那真理的海洋还神秘地展现在我们面前。"因此,心理学大师虽然是一群在日常生活中特立独行的思想家,但套用哲学家海德格尔的话,他们依旧都是"活生生"的"在世之在"。

## 二

那么,又何谓"经典"呢?经典乃指古今中外各个知识领域中"最重要的、有指导作用的权威著作"[①]。经典是具有原创性和典范性的经久不衰的传世之作,是经过历史筛选出来的最有价值性、最具代表性和最富完美性的作品。经典通常经历了时间的考验,超越了时代的界限,具有永恒的魅力,其价值历久而弥新。对经典的传承,是一个民族、一种文化、一门学科长盛不衰、继往开来之根本,是其推陈出新、开拓创新之源头。只有在经典的引领下,一个民族、一种文化、一门学科才能焕发出无限活力,不断发展壮大。

心理学经典在学术性与思想性上还应具有如下三个特征。首先,从本体特征上看,心理学经典是原创性文本与独特性阐释的结合。经典通过个人独特的世界观和不可重复的创造,凸显出深厚的文化积淀和理论内涵,提出一些心理与行为的根本性问题。它们与特定历史时期鲜活的时代感以及当下意识交融在一起,富有原创性和持久的震撼力,从而形成重要的思想文化传统。同时,心理学经典是心理学大师与他们所阐释的文本之间互动的产物。其次,从存在形态上看,心理

---

[①] 《辞海(缩印本)》,852页。

学经典具有开放性、超越性和多元性的特征。经典作为心理学大师的精神个体和学术原创世界的结晶，诉诸心理学大师主体性的发挥，是公众话语与个人言说、理性与感性、意识与无意识相结合的产物。最后，从价值定位上看，心理学经典一定是某个心理学流派、分支学科或研究取向的象征符号。诸如冯特之于实验心理学，布伦塔诺之于意动心理学，弗洛伊德之于精神分析，杜威之于机能主义，华生之于行为主义，苛勒之于格式塔心理学，马斯洛之于人本主义，桑代克之于教育心理学，乔姆斯基之于语言心理学，奥尔波特之于人格心理学，吉布森之于生态心理学，等等，他们的经典作品都远远超越了其个人意义，上升成为一个学派、分支或取向，甚至是整个心理科学的共同经典。

## 三

这套"西方心理学大师经典译丛"遵循如下选书原则：第一，选择每位心理学大师的原创之作；第二，选择每位心理学大师的奠基、成熟或最具代表性之作；第三，选择在心理学史上产生过重要影响的一派、一说、一家之作；第四，兼顾选择心理学大师的理论研究和应用研究之作。我们策划这套"西方心理学大师经典译丛"，旨在推动学科自身发展和促进个人成长。

1879年，冯特在德国莱比锡大学创立了世界上第一个心理学实验室，标志着心理学成为一门独立的学科。在此后的130多年中，心理学得到迅速发展和广泛传播。我国心理学从西方移植而来，这种移植过程延续已达百年之久①，至今仍未结束。尽管我国心理学近年取得了长足发展，但一个不争的事实是，我国心理学在总体上还是西方取向的，尚未取得突破性的创新成果，还不能解决社会发展中遇到的

---

① 在20世纪五六十年代，我国心理学曾一度移植苏联心理学。

重大问题，还未形成系统化的中国本土心理学体系。我国心理学在这个方面远没有赶上苏联心理学，苏联心理学家曾创建了不同于西方国家的心理学体系，至今仍有一定的影响。我国心理学的发展究竟何去何从？如何结合中国文化推进心理学本土化的进程？又该如何进行具体研究？当然，这些问题的解决绝非一朝一夕能够做到。但我们可以重读西方心理学大师们的经典作品，以强化我国心理学研究的理论自觉。"他山之石，可以攻玉。"大师们的经典作品都是对一个时代学科成果的系统总结，是创立思想学派或提出理论学说的扛鼎之作，我们可以从中汲取大师们的学术智慧和创新精神，做到冯友兰先生所说的，在"照着讲"的基础上"接着讲"。

心理学是研究人自身的科学，可以提供帮助人们合理调节身心的科学知识。在日常生活中，即使最坚强的人也会遇到难以解决的心理问题。用存在主义的话来说，我们每个人都存在本体论焦虑。"我是谁，我从哪里来，我将向何处去？"这一哈姆雷特式的命题无时无刻不在困扰着人们。特别是在社会飞速发展的今天，生活节奏日益加快，新的人生观与价值观不断涌现，各种压力和冲突持续而严重地撞击着人们脆弱的心灵，人们比以往任何时候都更迫切地需要心理学知识。可幸的是，心理学大师们在其经典著作中直接或间接地给出了对这些生存困境的回答。古人云："读万卷书，行万里路。"通过对话大师与解读经典，我们可以参悟大师们的人生智慧，激扬自己的思绪，逐步找寻到自我的人生价值。这套"西方心理学大师经典译丛"可以让我们获得两方面的心理成长：一是调适性成长，即学会如何正确看待周围世界，悦纳自己，化解情绪冲突，减轻沉重的心理负荷，实现内心世界的和谐；二是发展性成长，即能够客观认识自己的能力和特长，确立明确的生活目标，发挥主动性和创造性，快乐而有效地学习、工作和生活。

我们相信，通过阅读大师经典，广大读者能够与心理学大师进行亲密接触和直接对话，体验大师的心路历程，领会大师的创新精神，与大师的成长并肩同行！

郭本禹

2013 年 7 月 30 日

于南京师范大学

# 译者前言

## 一、罗洛·梅的主要生平

罗洛·梅（Rollo May）于 1909 年 4 月 21 日出生在俄亥俄州的艾达镇。他的父亲是基督教青年会的秘书，因而全家总是搬来搬去。他幼时的家庭生活很不幸，父母都没有受过良好的教育，而且关系不和，经常争吵，两人后来分居，最终离婚。他有 4 个弟弟和一个妹妹，作为家中的长子，他很早就承担起家庭的重担。

罗洛·梅很早就对文学和艺术产生了兴趣。他在密歇根州立学院读书时，最感兴趣的是英美文学，而很不喜欢农学课程。他主编的一份激进的文学刊物惹恼了校方，因而不得不转学到俄亥俄州的奥柏林学院。在此他投身于艺术课程，学习绘画，深受古希腊艺术和文学的影响。1930 年获得该校文学学士学位后，他随一个艺术团体到欧洲游历，学习各国的绘画和艺术。他在由美国人在希腊开办的阿纳托利亚学院教了三年英文，这期间他对古希腊文明有了更深刻的体认。他对文学和艺术保持终生的兴趣，并且在其以后的心理学著作中充分表现出来。1932 年夏，罗洛·梅参加了维也纳阿德勒（Alfred Adler）暑期研讨班。与弗洛伊德（Sigmund Freud）强调性本能的作用不同，阿德勒强调人的社会性。他在研讨班中与阿德勒本人进行了热烈的交流和探讨。他非常赞赏阿德勒的观点，并从阿德勒那里接受了许多关于人的本性和行为等方面的心理学思想。可以说，阿德勒为他开启了心理学的大门。

## 人的自我寻求

1933年，罗洛·梅回到美国，在密歇根州立学院担任学生心理咨询员，并编辑一本学生杂志。但他不安心于这份工作，希望得到进一步的深造。原本希望到哥伦比亚大学学习心理学，但他发现那里所讲授的全是行为主义的观点，与自己的兴趣不合。他改入纽约联合神学院学习神学，于1938年获得神学学士学位。在联合神学院，罗洛·梅还结识了被他称为"朋友、导师、精神之父和老师"的蒂利希（Paul Tillich）。蒂利希是流亡美国的德裔存在主义哲学家，罗洛·梅常去听他的课，第一次系统地学习了存在主义哲学，了解到存在主义鼻祖克尔凯郭尔（Soren Aabye Kierkegaard）和存在主义大师海德格尔（Martin Heidegger）的思想。他思想中的许多关键概念，如生命力、意向性、勇气、无意义的焦虑等，都可以找到蒂利希的影子。

从联合神学院毕业后，罗洛·梅被任命为新泽西州蒙特克莱尔公理会的牧师。他对这个职业并不感兴趣，最终还是回到了心理学领域。20世纪40年代初，他到纽约城市学院担任心理咨询员，同时进入纽约著名的怀特（William Alanson White）精神病学、心理学和精神分析研究所学习精神分析。他在怀特研究所受到精神分析社会文化学派的影响。当时该学派的成员沙利文（Harry Stack Sullivan）为该所基金会主席，另一位成员弗洛姆（Erick Fromm）也在该所任教。社会文化学派与阿德勒一样，也不赞同弗洛伊德的性本能观点，而是重视社会文化对人格的影响。该学派拓展了罗洛·梅的学术视野，并进一步确立了他对存在的探究。

在怀特研究所学习之后，罗洛·梅于1946年成为一名开业心理治疗师。在此之前，他已进入哥伦比亚大学攻读博士学位。但1942年，他感染了肺结核，差点死去。这是他人生的一大难关。肺结核在当时被视作不治之症，他在疗养院住院三年，经常遭遇死亡的威胁。但难关也同时是一种契机，他在面临死亡时，得以切身体验自身的存在，并以自己的理论加以观照。他选择了焦虑这个主题为突破点。结合自己深刻的焦虑体验，他仔细阅读了弗洛伊德的《焦虑的问题》、克尔凯郭尔的《恐惧的概念》以及叔本华（Arthur Schopenhauer）、尼采（Friedrich Wilhelm Nietzsche）等人的著作。他认为，在当时的疾病状况下，克尔凯郭尔的话更能打动他的心，因为它触及到了焦虑的最深层结构，即人类存在的本体论问题。从疾病中康复之后，他在蒂利希的指导下，以其亲身体验和内心感悟写出了博士学位论文《焦虑的意义》。1949 年，他以优异成绩获得哥伦比亚大学授予的第一个临床心理学博士学位。

自 20 世纪 50 年代起，罗洛·梅的学术成就突飞猛进，陆续出版多部著作。一方面，他积极推动存在心理学在美国的发展。1958 年，他组织了第一次存在心理学的专题讨论会，这次讨论会后来形成了美国心理治疗家学院。1959 年，他在美国心理学会的年会上发起了存在心理学特别专题讨论会，这是存在心理学第一次出现在美国心理学会官方日程上。1959 年，他开始主编油印的《存在探究》杂志，该杂志后改为《存在心理学与精神病学评论》（*Review of Existential Psychology and Psychiatry*），成为存在心理学和精神病学会的官方杂志。另一方面，他积极参与人本主义心理学的活动，推动了人本主义心理学的发展。1963 年，他参加了在费城召开的美国人本主义心理学会成立大会，此次会议标志着人本主义心理学的诞生。1964 年，他参加了在康涅狄格州塞布鲁克召开的人本主义心理学大会，此次会议标志着人本主义心理学为美国心理学界所承认。他曾对行为主义者斯金纳（Burrhus Frederic Skinner）的环境决定论和机械决定论提出过严厉批评，也不赞成弗洛伊德精神分析的本能决定论和泛性论观点，将精神分析改造为存在分析。他还通过与其他人本主义心理学家争论，推动了人本主义心理学的健康发展。其中最有名的是他与罗杰斯（Karl Rogers）的著名论辩，他反对罗杰斯的性善论，提倡善恶兼有的观点。

**人的自我寻求**

20世纪50年代中期，罗洛·梅积极参与纽约州立法，反对美国医学会试图把心理治疗作为医学的一个专业，只有医学会的会员才能具有从业资格的做法。60年代后期和70年代早期，他投身反对越南战争、反核战争、反种族运动，倡导妇女解放运动，批评美国文化中欺骗性的自由与权力观点。到70年代后期和80年代，他成为一名更加温和的存在主义者，反对极端的主观性和否定任何客观性。他坚持人性中具有恶的一面，但也对人的潜能运动和会心团体持朴素的乐观主义态度。

1948年，罗洛·梅成为怀特研究所的一名成员，1952年升为研究员，1958年担任该研究所的所长，1959年成为该研究所的督导和培训分析师，一直工作到1974年退休。他曾长期担任纽约市的社会研究新学院主讲教师（1955—1976），还先后做过哈佛大学（1964）、普林斯顿大学（1967）、耶鲁大学（1972）、塞布鲁克研究所（the Saybrook Institute，1974—1975）的访问教授，以及纽约大学的资深学者（1971）和加利福尼亚大学的雷根特学院的教授（1973）。此外，他还曾担任过纽约心理学会和美国精神分析学会主席等多种学术职务。1975年，罗洛·梅移居加利福尼亚，继续他的私人临床实践，并为人本主义心理学大本营塞布鲁克研究所和加利福尼亚职业心理学学院（the California School of Professional Psychology）工作。

1938年，罗洛·梅与德弗里斯（Florence DeFrees）结婚。他们在一起度过了30年的岁月后离婚。两人生有一子两女，儿子罗伯特·罗洛（Robert Rollo）曾任阿默斯特学院的心理咨询室主任，女儿卡罗林·简（Carolyn Jane）和阿莱格拉·安妮（Allegra Anne）是双胞胎，前者是社会工作者、治疗师和画家，后者是纪录影片的编剧。罗洛·梅的第二任妻子是肖勒（Ingrid Scholl），他们于1971年结婚，十年后分手。1988年，他与第三任妻子约翰逊（Georgia Miller Johnson）走到一起。约翰逊是一位荣格学派的分析心理学治疗师，是他的知心伴侣，陪伴他走过最后的岁月。1994年10月22日，罗洛·梅因充血性心力衰竭在家中去世，享年85岁。

罗洛·梅曾先后获得十多个名誉博士学位和多种奖励，其中包括ΦBK颁发的拉尔夫·沃尔多·爱默生（Ralph Waldo Emerson）奖（1970），纽约大学颁发的杰出贡献奖（1971），纽约临床心理学家协会颁发的马丁·路德·金（Martin Luther King）博士特别爵士奖（1974），哥伦比亚大学教育学院颁发的杰出毕业生奖（1975），他尤为满意的是两次获得克里斯托弗（Christopher）奖章，美国心理学会颁发的临床心理学科学和职业杰出贡献奖（1971）和美国心理学基金会颁发的心理学终身成就奖章（1987）。1987年，塞布鲁克研究所建立了罗洛·梅中心。该中心由一个图书馆和一个研究项目组成，鼓励研究者以罗洛·梅的精神进行研究和出版作品。1996年，美国心理学会人本主义心理学分会设立了罗洛·梅奖。这些荣誉和奖章是对他一生贡献的认可。

## 二、罗洛·梅的基本著作

罗洛·梅一生孜孜不倦地从事著述，即使到了80岁高龄时，他仍然坚持每天写作四个小时。发表了大量论文，出版了20余部著作。他的著作大致分为三个阶段，每个阶段的主题相对集中。他的大多数著作都被多次重印或再版，并被翻译成多国文字出版。

第一阶段是在1939—1949年间，罗洛·梅出版了三部早期著作，即《咨询的艺术：怎样给予和获得心理健康》（The Art of Counseling: How to Give and Gain Mental Health，1939）、《创造性生命的源泉：人性与神的研究》（The Springs of Creative Living: A Study of Human Nature and God，1940）和《咨询服务》（The Ministry of Counseling，1943）。其中《咨询的艺术：怎样给予和获得心理健康》一书是他于1937—1938年在教会举行的"咨询与人格

适应"研讨会上的讲稿。该书是美国出版的第一部心理咨询著作，具有里程碑式的意义。该书后来再版多次，到 2011 年，已印刷 150 000 多册。他的第二本书与前一部著作并无大的差异，只是更明确地表述了健康人格和宗教信念，所以，他后来拒绝其再版。

第二阶段是在 1950—1970 年间，罗洛·梅先后出版了一系列关于存在心理学的著作。《焦虑的意义》（*The Meaning of Anxiety*，1950）一书是在他的博士学位论文基础上修改而成的，标志着其思想的初步形成。《人的自我寻求》（*Man's Search for Himself*，1953）标志着其思想的全面展开，也是他早期最畅销的一本书。他与安吉尔（Ernest Angel）和埃伦伯格（Henri F. Ellenberger）联合主编的《存在：精神病学与心理学的新方向》（*Existence：A New Dimension in Psychiatry and Psychology*，1958）一书，是一部收录欧洲存在心理学家论文的译文集，他为该书撰写了两篇长篇"导言"，即"心理学中的存在运动的起源和意义"和"存在心理治疗的贡献"。这两篇"导言"清晰明快地介绍了存在心理学的思想，其价值不亚于欧洲存在心理学家的论文本身。该书旨在向美国心理学界系统介绍欧洲存在心理学和存在心理治疗思想，被誉为美国存在心理学的"圣经"，标志着美国存在心理学本土化的完成。他主编的《存在心理学》（*Existential Psychology*，1961）是 1959 年美国心理学会年会关于存在心理学特别专题讨论会的论文集。《心理学与人类困境》（*Psychology and the Human Dilemma*，1967）是一本他自己的论文集，收录了他 20 世纪五六十年代发表的论文。该书探讨了在焦虑时代生命的困境，阐明了自我认同客观现实世界的危险，指出自我的觉醒需要发现内在的核心性，是对《人的自我寻求》一书中主题的进一步深化。《存在心理治疗》（*Existential Psychotherapy*，1967）是由他为加拿大广播公司（CBC）系列节目"观念"所做的六篇广播讲话稿结集而成的，简明扼要地阐述了他的许多核心观点，其中许多主题在其以后的著作中以扩展的形式呈现。《梦与象征：人的潜意识语言》（*Dreams and Symbols*：*Man's Unconscious Language*，1968）是他与卡利格（Leopold Caligor）合作出版的一本书，该书通过分析一位女病人的梦，阐发了关于梦和象征的观点。罗洛·梅关于象征的观点还可见于他主编的《宗教与文学中的象征》（*Symbolism in Religion and Literature*，1960）一书。《爱与意志》（*Love and Will*，1969）是他最富原创性和建设性的著作，一经面世便成为美国最受欢迎的畅销书之一，曾荣获"爱默生"奖。

第三阶段是在1970—1995年间，罗洛·梅开始将自己的思想拓展到诸多领域，先后出版了数本著作。《权力与无知：寻求暴力的根源》（*Power and Innocence*：*A Search for the Sources of Violence*，1972）一书正如其副标题所示，目的在于探讨美国社会和个人的暴力问题，认为暴力是人确定自我进而发展自我的一种途径，但这并非整合性的途径。围绕自我的发展，他又陆续出版了《创造的勇气》（*The Courage to Create*，1975）和《自由与命运》（*Freedom and Destiny*，1981）。前一本书探讨了创造性的本质、局限以及创造性与潜意识和死亡等的关系，后一本书将自由与命运视作矛盾的两端。人是自由的，但要受到命运的限制；反之，只有在自由中，命运才有意义。《祈望神话》（*The Cry for Myth*，1991）一书是他晚年一部重要的著作，认为神话能够展现出人类经验的原型，能够使人意识到自身的存在。在现代社会中，人们遗忘了神话，与此同时也意识不到自身的存在，由此导致人的迷失。罗洛·梅在这一阶段还出版过一本论文集《存在之发现：存在心理学著作》（*The Discovery of Being*：*Writings in Existential Psychology*，1983），该书以他在《存在：精神病学与心理学的新方向》中的导言为方向，较全面地展现了他的存在心理学和存在治疗思想。罗洛·梅深受存在哲学家蒂利希的影响，先后出版了三本关于回忆蒂利希的书，它们分别是《保卢斯：友谊的回忆》（Paulus：Reminiscences of a Friendship，1973）、《作为精神导师的保卢斯·蒂利希》（Paulus Tillisch as Spiritual Teacher，1988）和《保卢斯：导师的特征》（Paulus：The Dimensions Of a Teacher，1988）。罗洛·梅积极参与人本主义心理学运动，他与罗杰斯和格林（Thomas C. Greening）合著了《美国政治与人本主义心理学》（American Politics and Humanistic Psychology，1984），他还与罗杰斯、马斯洛（Abraham Maslow）合著了《政治与纯真：人本主义的争论》（Politics and Innocence：A Humanistic Debate，1986）。《我对美的追求》（My Quest for Beauty，1985）一书是罗洛·梅的自传。作为一个学者，他在回顾自己的一生时，以自己的心理学理论对美进行了审视。贯穿全书的是他早年就印刻在内心的古希腊艺术精神。在他对生活的叙事中，不断涉及爱、创造性、价值、象征等主题。罗洛·梅的最后一部著作是与其晚年的朋友和追随者施奈德（Kirk J. Schneider）合著的《存在心理学：一种整合的临床观》（The Psychology of Existence：An Integrative，Clinical Perspective，1995）。该书是为新一代心理治疗实践者所写的教科书，书中提出了整合、折中的存在心理学观点，并把他的人生体验用于心理治疗，对自己的心理学思想作了最后的总结。

## 三、本书的主要观点

《人的自我寻求》一书于1953年由诺顿出版公司（W. W. Norton & Company Inc.）出版，并分别于1967、1973、1982、2009年再版。1982年再版时加上了一个副标题——"生命和个人完满的路标"（Signposts for Living and Personal Fulfilment）。

《人的自我寻求》的中心主题是关于个体人格如何在孤独的时代得以重建。在内容上分为三个部分，每个部分都有集中论述的主题，而这些主题又彼此关联，服务于共同的主题。本书第一部分是"我们的困境",从分析人的空虚、孤独与焦虑入手,解释现代人面临的严重心理困境,并进一步指出造成这一混乱的根源是价值核心的丧失、自我感的丧失、语言的丧失和悲剧感的丧失等社会历史和文化心理的原因。第二部分是"重新发现自我",通过强调自我意识是人不同于动物的独特标志,力图论证它是人的自由赖以存在的基础。第三部分是"整合的目标",试图通过对自由、良心、勇气等传统价值作新的阐释来重新确立人格整合的目标。

罗洛·梅在"前言"中指出了写作该书的目的。"当我们的社会处于标准和价值观巨变的时代……来自各方面使人痛苦的不安全感给了我们新的刺激……人们会问,生活在这样一个分裂世界中的人怎么可能获得内在的整合?或者,他们会质疑,生活在一个对现在和将来所有一切都不确定的时代,人们又怎么可能进行长期的发展以达到自我实现呢?"作者敢于踏入天使们不敢闯入的禁区,他在本书中对将要面对的难以回答的问题提供他自己的观点和经验。"我们的目的在于发现能够据以抵制我们这个时代的不安全感的方式,发现我们自身内在力量的中心,并且,在我们力所能及的范围内,指出在一个几乎所有一切都不安全的时代里如何获得我们可以依靠的价值观和目标的途径。"读者通过书中所反映的内容,看到他自己和他自己的体验,获得关于他自己个人整合问题的启发。

罗洛·梅运用自己的存在心理学观点对现代社会的困境进行了整体性的剖析,深入探究了人的自我在孤独、焦虑、异化和冷漠的时代如何丧失和重建,分析了现代社会危机的心理学根源,指出自我的重新发现和自我实现是其根本的出路,该书涉及自由、爱、创造性、勇气和价值等一系列重要主题,这些主题都是罗洛·梅此后逐一探讨的问题。可以说,该书标志着罗洛·梅存在心理学的全面展开。

该书具有以下三个特点。第一,包含人生智慧。罗洛·梅在书中探讨了20世纪中期以来,人类社会的物质文明和技术文明不断发达,但却带来人们精神文明和自由价值日益滑落的严峻问题。他教导我们，在空虚、孤独与焦虑的时代如何找到自我的精神家园，传统精神价值如何在现代和后现代处境中达到重建。罗洛·梅的这本书开启了我们的智慧人生，开阔了我们的眼界，改进了我们的思维方式。当然，本书不是心理治疗的代替品，也不是一本自助的书籍，而是告诉我们更好地思考我们此时此地正在做什么，帮助我们从自己内部找到意义。

第二，反映时代特色。罗洛·梅的《人的自我寻求》写于20世纪50年代，可它并没有过时。尽管探讨人的存在本质是任何时代都关注的学术主题，但并不是每一本书都具有该书所具有的这样有益的指导作用。罗洛·梅在书中带领我们探讨如何寻找自我，为我们提供如何过更有意义生活的建议。谁要想了解自己，了解他与自己所生活的世界的关系，都应该读读这本书。

第三，具有可读性。罗洛·梅用广大读者可以理解的通俗语言阐述了他的基本的心理学和哲学理论。他综合运用了古希腊经典、圣经故事、文学作品、哲学著作、心理学文献和临床案例的方法，书中的传说、寓言和比喻比比皆是，趣味性强，引人入胜。该书一经面世就获得了成功，就连它的批评者也承认它是一本可读性很强的书。

# 四、罗洛·梅的主旨思想

## （一）存在分析观

罗洛·梅的存在心理学是围绕人的存在展开的，其中最为核心的是存在感。所谓存在感，就是指人对自身存在的经验。人不同于动物之处，就在于他具有自我存在的意识，能够意识到自身的存在，这就是存在感。人在意识到自身的存在时，能够超越各种分离，将自己统合起来。只有人的自我存在意识才能够使人的各种经验得以连贯和统整，将身与心、人与自然、人与社会等联为一体。在这种意义上，存在感是通向人的内心世界的核心线索。

罗洛·梅认为，当人通过存在感体验到自己的存在时，他首先会发现，自己是活在这个世界之中的。存在的本质就是在世之在（being-in-the-world）。人存在于世界之中，与世界密不可分，共同构成一个整体，在生成变化中展现自己的丰富面貌。人的在世之在表现为三种存在方式：（1）存在于周围世界（Umwelt）之中，周围世界是指人的自然世界或物质世界，它是宇宙间自然万物的总和。人和动物都拥有这个世界。（2）存在于人际世界（Mitwelt）之中，人际世界是指人的人际关系世界，它是人所特有的世界。（3）存在于自我世界（Eigenwelt）之中，自我世界是指人自己的世界，是人类所特有的自我意识世界。人的存在具有六个基本特征：（1）自我核心，指人以其独特的自我为核心；（2）自我肯定，指人保持自我核心的勇气；（3）参与，指在保持自我核心的基础上参与到世界中去；（4）觉知，指人与世界接触时所具有的直接感受；（5）自我意识，指人特有的觉知现象，是人能够跳出来反省自己的能力，也是人类最显著的本质特征；（6）焦虑，指人的存在面临威胁时所产生的痛苦的情绪体验。

### （二）存在人格观

在罗洛·梅看来，人格所指的是人的整体存在，人的存在的四种因素即自由、个体性、社会整合和宗教紧张感构成人格结构的基本成分。（1）自由，是人格的基本条件，是人整个存在的基础。人的行为并非如弗洛伊德所认为的那样是盲目的，也非如行为主义所认为的那样是环境决定的。人的行为是在自由选择的过程中进行的。当然，这种自由并不是无限的，它受到时空、遗传、种族、社会地位等方面的限制。人恰恰是在利用现实限制的基础上进行自由选择，实现自己独特性的。（2）个体性，是自我区别于他人的独特性，是自我存在的前提。每一个自由的个体都是独立自主、与众不同的，而且在形成他独特的生活模式之前，人必须首先接受他的自我。（3）社会整合，是指个人在保持自我独立性的同时，参与社会活动，进行人际交往，以个人的影响力作用于社会。社会整合是完整存在的条件。(4)宗教紧张感，是存在于人格发展中的一种紧张或不平衡状态，是人格发展的动力。人从宗教中能够获得人生的最高价值和生命的意义。宗教能够提升人的自由意志，发展人的道德意识，鼓励人负起自己的责任，勇敢地迈向自我实现。

罗洛·梅以自我意识为线索，通过人摆脱依赖、逐渐分化的程度，勾勒出人格发展的四个阶段。第一阶段为纯真阶段，主要指两三岁之前的婴儿时期。此时人的自我尚未形成，处于前自我意识时期。婴儿在本能的驱动下，做自己必须要做的事情，以满足自己的需要。尽管婴儿具有了一定程度的意志力，如可以通过哭喊来表明其需要，但他在很大程度上受缚于外界尤其是自己的母亲。婴儿在这一阶段形成了依赖性，并为此后的发展奠定基础。第二阶段为反抗阶段，主要指两三岁至青少年时期。此时的人主要通过与世界相对抗来发展自我和自我意识。他竭力去获得自由，以确立一些属于自己的内在力量，但并未完全理解与自由相伴随的责任。此时的人处于冲突之中。一方面，他想要按自己的方式行事，另一方面，他又无法完全摆脱对世界特别是父母的依赖，希望父母能给他们一定支持。因此，如何恰当地处理好独立与依赖之间的矛盾，是这一阶段人格发展的重要问题。第三阶段为平常阶段，这一阶段与上一阶段在时间上有所交叉，主要指青少年之后的时期。此时的人能够在一定程度上认识到自己的错误，能够在选择中承担责任。他能够产生内疚感和焦虑，以承担责任。现实社会中的大多数人都处于这一阶段，但这并非真正成熟的阶段。第四阶段为创造阶段，主要指成人时期。此时的人能够接受命运，以勇气面对人生的挑战。他能够超越自我，达到自我实现。他的自我意识是创造性的，能够超越日常的局限，达到人类存在最完善的状态。这是人格发展的最高阶段。真正达到这一阶段的人是很少的。只有那些宗教与世俗中的圣人以及伟大的创造性人物才能达到这一阶段。不过，常人有时在特殊时刻也能够体验到这一状态，如听音乐或体验到爱或友谊时，但这是可遇而不可求的。

**（三）存在主题观**

罗洛·梅从人的存在出发，探讨了原始生命力、爱、焦虑、勇气和神话等具体主题。

在罗洛·梅看来，原始生命力（the daimonic）是一种爱的驱动力量，是一个完整的动机系统，在不同的个体身上表现出不同的驱动力量。原始生命力是人类经验中的基本原型功能，是一种能够推动生命肯定自身、确证自身、维护自身、发展自身的内在动力。原始生命力具有五个特征：(1) 统摄性，原始生命力是掌握整个人的一种自然力量或功能。(2) 驱动性，原始生命力是使每一个存在肯定自身、维护自身，使自身永生和增强自身的一种内在驱力。例如，人们在生活中表现出强烈的性与爱的力量，人们在生气时的怒发冲冠，在激动时的慷慨激昂，人们对权力的强烈渴望等，都是原始生命力的表现。(3) 整合性，原始生命力的最初表现形态是以生物学为基础的"非人性的力量"，因此，要使它在人类身上发挥积极的作用，就必须用意识来加以整合，把原始生命力与健康的人类之爱融合为一体。(4) 两重性，原始生命力既具有创造性也具有破坏性。如果个体能够很好地使用原始生命力，其魔力般的力量便可在创造性中表现出来，帮助个体实现自我；若原始生命力占据了整个自我，就会使个体充满了破坏性。(5) 被引导性，由于原始生命力具有两重性，就需要人有意识地对它加以指引和开导。这就要求人去掌握它，勇敢地面对它，并对它加以引导。

罗洛·梅将爱视作人在世之在的一种结构，爱的本质是指向统一，包括人与自己潜能的统一，与世界中重要他人的统一。在这种统一中，人敞开自己，展现自己真正的面貌，同时人能够更深刻地感受到自己的存在，更加肯定自己的价值。他进一步区分出四种类型的爱：(1) 性爱，指生理性的爱，它通过性活动或其他释放方式得到满足；(2) 厄洛斯（Eros），指爱欲，是与对象相结合的心理之爱，在结合中，能够产生繁殖和创造；(3) 菲利亚（Philia），指兄弟般的爱或友情之爱；(4) 博爱，指尊重他人、关心他人的幸福而不希望从中得到任何回报的爱。在他看来，最完满的爱是这四种爱的结合。

在罗洛·梅看来，焦虑是个体对作为人的存在的最根本价值受到威胁或自身安全受到威胁的担忧。焦虑和恐惧既有关系又有区别。恐惧是对自身一部分受到威胁时的反应，而且恐惧一定存在特定的对象，而焦虑则没有。罗洛·梅特别指出，西方社会过分崇拜个人主义，过于强调竞争和成就，导致从众、孤独和疏离等心理现象，使人的焦虑增加。当人通过竞争与奋斗试图克服焦虑时，焦虑反而又加剧了。他区分出两种焦虑：正常焦虑和神经症焦虑。正常焦虑是人成长的一部分。当人意识到生老病死不可避免时，就会产生焦虑。此时重要的是直面焦虑和焦虑背后的威胁，从而更好地过当下的生活。神经症焦虑是对客观威胁作出的不适当的反应。人使用防御机制应对焦虑，并在内心冲突中出现退行。他建议使用以下几种方法去积极地应对焦虑：用自尊感受到自己能够胜任；将整个自我投身于训练和发展技能上；在极端的情境中，相信领导者能够胜任；最后通过个人的宗教信仰，来发展自身，直面存在的困境。

罗洛·梅指出，勇气并非面对外在威胁时的勇气，而是人的一种内在素质，是将自我与可能性联系起来的方式和渠道。勇气的对立面并非怯懦，而是缺乏勇气。现代社会中的一个严峻的问题是，人并非禁锢自己的潜能，而是人由于害怕被孤立，从而置自己的潜能于不顾，去顺从他人。罗洛·梅区分出四种勇气：(1) 身体勇气，指与身体有关的勇气，它在美国西部开发时代的英雄人物身上体现得最为明显。他们能够忍受恶劣的环境，顽强地生存下来。但在现代社会中，身体勇气已退化成为残忍和暴力。(2) 道德勇气,指感受他人苦难处境的勇气。具有较强道德勇气的人,能够非常敏感地体验到他人的内心世界。(3) 社会勇气,指与他人建立联系的勇气,它与冷漠相对立。现代人害怕人际的亲密,缺乏社会勇气,结果反而更加空虚和孤独。(4) 创造勇气,这是最重要的勇气,它能够用于创造新的形式和新的象征,并在此基础上推进新社会的发展。

罗洛·梅认为,神话是传达生活意义的主要媒介,它类似于分析心理学家荣格(Carl Gustav Jung)所说的原型,但它既可以是个人的,也可以是集体的,既可以是潜意识的,也可以是意识的。例如《圣经》就是现代西方人面对的最大的神话。神话通过故事和意象,能够给人提供看待世界的方式,能够使人表述关于自身与世界的经验,使人体验自身的存在。《圣经》通过其所展现的意义世界,能够为人的生活指引道路。正是在这种意义上,罗洛·梅认为,神话是给予我们的存在以意义的叙事模式,能够在无意义的世界中让人获得意义。他指出,神话的功能是,能够提供认同感、团体感,支持我们的道德价值观,并提供看待创造奥秘的方法。因此,在重建价值观中,一项重要的工作就是通过好的神话来引领现代人前进。

### (四) 存在治疗观

罗洛·梅认为,心理治疗的首要目的并不在于症状的消除,而是使患者重新发现并体认自己的存在。心理治疗师不需要帮助病人认清现实,采取与现实相适应的行动,而是需要加强病人的自我意识,与病人一起,发掘病人的世界,认清其自我存在的结构与意义,由此揭示病人为什么选择目前的生活方式。因此,心理治疗师肩负双重的任务,一方面要了解病人的症状,另一方面要进一步认清病人的世界,认识到他存在的境遇。后一方面比前一方面更难,也更为一般的心理治疗师所忽视。罗洛·梅将心理治疗的基本原则归纳为四点:(1) 理解性原则，指治疗师理解病人的世界，只有在此基础上，才能够使用技术。（2）体验性原则，指治疗师要促进患者对自己存在的体验，这是治疗的关键。（3）在场性原则，治疗师应排除先入之见，进入到与病人间的关系场中。（4）行动原则，指促进患者在选择的基础上投身于现实行动中。存在心理治疗从总体上看是一系列态度和思想原则，而非一种治疗的方法或体系，过多使用技术会妨碍对患者的理解。因此，罗洛·梅提出，应该是技术遵循理解，而非理解遵循技术。他尤其反对在治疗技术选择上的折中立场。他认为，存在心理治疗技术应具有灵活性和通用性，随病人及治疗阶段发生变化。在特定时刻，具体技术的使用应依赖于对病人存在的揭示和阐明而行。

罗洛·梅将心理治疗划分为三个阶段：（1）愿望阶段，发生在觉知层面。治疗师帮助患者，使他们产生愿望的能力，以获得情感上的活力和真诚。（2）意志阶段，发生在自我意识层面，心理治疗师促进患者在觉知基础上产生自我意识的意向，例如，在觉知层面体验到湛蓝的天空，现在则意识到自己是生活于这样的世界的人。（3）决心与责任感阶段，心理治疗师促使患者从前两个层面中创造出行动模式和生存模式，从而承担责任，走向自我实现、整合和成熟。

## 五、罗洛·梅的历史影响

罗洛·梅被称作"美国存在心理学之父"，也是人本主义心理学的杰出代表。20世纪中叶，他把欧洲的存在主义哲学和心理学思想介绍到美国，探讨人的存在价值和生存意义，开创了美国的存在分析学和存在心理治疗，其思想内涵带给现代人深刻的精神启示。

### （一）开创了美国存在心理学

在罗洛·梅之前，虽然有少数美国学者研究存在心理学，但主要是对欧洲存在心理学的引介，而罗洛·梅则形成了自己独特而整体的存在心理学理论体系。他通过1958年联合主编的《存在：精神病学与心理学的新方向》一书，对欧洲心理学作了全面系统的介绍，使得美国存在心理学完成了本土化过程。他还从存在分析观、存在人格观、存在主题观、存在治疗观四个层面系统展开，由此形成了美国第一个系统的存在心理学理论体系。在此基础上，他还进一步提出"一门研究人的科学"（a working science of man），这是对人及其存在进行整体理解和研究的科学。这门科学不是停留在了解人的表面，而旨在理解人存在的结构方式，发展强烈的存在感，促使其重新发现自我存在的价值。罗洛·梅与欧洲存在心理学家一样，以存在主义和现象学为哲学基础，以人的存在为核心，以临床治疗为方法，重视焦虑和死亡等问题。但他又对欧洲存在心理学进行扬弃，生发出自己独特的理论观点。他不像欧洲存在心理学家那样过于重视思辨分析，他更重视对人的现实存在尤其是现代社会境遇下人的生存状况的分析。尤为独特的是，他更重视人的建设性的一面。例如，他强调人的潜能观点。正是在这种意义上，他给存在心理学贴上了美国的"标签"，使得美国出现了真正本土化的存在心理学。他还影响了许多学者，推动了美国存在心理学的发展和深化。布根塔尔（James Bugental）、雅洛姆（Irvin Yalom）和施奈德等人正是在他的基础上，将美国存在心理学推向新的高度。

**（二）推进了人本主义心理学**

罗洛·梅在心理学史上的另一突出贡献是推进了人本主义心理学的发展。从前述他的生平中可以看出，他亲身参与并推进了人本主义心理学的历史进程。从思想观点上看，他以探究人的经验和存在感为目标，重视人的自由选择、自我肯定和自我实现的能力，将人的尊严和价值放在心理学研究的首位。他对传统精神分析进行了扬弃，将其引向人本主义心理学的方向，并对行为主义的机械论进行了批判。因此，他开创了人本主义心理学的自我选择论取向，这不同于马斯洛和罗杰斯强调人本主义心理学的自我实现论取向，从而丰富了人本主义心理学的理论体系。正是在这种意义上，罗洛·梅成为与马斯洛和罗杰斯并驾齐驱的人本主义心理学的三位重要代表人物之一。

罗洛·梅还通过理论上的争论，推进了人本主义心理学的健康发展。他从原始生命力的两重性，引出人性既有善的一面，又有恶的一面。他不同意罗杰斯人性本善的观点。他重视人的建设性，同时也注意到人的不足尤其是破坏性的一面。与之相比，罗杰斯过于强调人的建设性，将消极因素归因于社会的作用，暗含着将人与社会对立起来的倾向。罗洛·梅则一开始就将人置于世界之中，不存在这种对立倾向。所以，罗洛·梅的思想更为现实，更趋近于人本身。除了与罗杰斯的论战外，罗洛·梅在晚年还对人本主义心理学中分化出来的超个人心理学提出告诫，并由此引发了争论。他认为超个人心理学强调人的积极和健康方面的倾向，存在脱离人的现实的危险。应该说，他的观点对于超个人心理学的发展是具有重要警戒意义的。

### （三）首创了存在心理治疗

罗洛·梅在从事心理治疗的实践中，形成了自己独特的思想，这就是存在心理治疗。它以帮助病人认识和体验自己的存在为目标，以加强病人的自我意识，帮助病人的自我发展和自我实现为己任，重视心理治疗师和病人的互动以及治疗方法的灵活性。它尤其强调提高人面对现实的勇气和责任感，将心理治疗与人生的意义等重大问题联系起来了。罗洛·梅是美国存在心理治疗的首创者，在他之后，布根塔尔和施奈德等人作了进一步发展，使得存在心理治疗成为人本主义心理治疗的重要组成部分。当前，存在心理治疗与来访者中心疗法、格式塔疗法一起，成为人本主义心理治疗领域最为重要的三种心理治疗方法。

### （四）揭示了现代人的生存困境

罗洛·梅不只是一位书斋式的心理学家，他还密切关注现代社会中人的种种问题。他深刻地批判了美国主流文化严重忽视人的生命潜能的倾向。他在进行临床实践的同时，并不仅仅关注面前的病人。他能够从病人的存在境遇出发，结合现代社会背景，来揭示现代人的生存困境。他从人的存在出发，揭示出现代人在技术飞速发展的同时，远离自身的存在，从而导致非人化的生存境遇。罗洛·梅指出，现代人在存在的一系列主题上都表现出明显的问题。个体难以接受、引导并整合自己的原始生命力，从而停滞不前，无法激发自己的潜能，从事创造性的活动。他还指出，现代人把性从爱中成功地分离出来，在性解放的旗帜下放纵自身，却遗忘了爱的真正含义是与他人和世界建立联系，从而导致爱的沦丧。现代人逃避自我，不愿承担自己成为一个人的责任，在面临自己的生存处境中感到软弱无能，失去了意志力。他不敢直面自己的生存境遇，不能合理利用自己的焦虑，而是逃避焦虑，以保护那脆弱的自我，结果使得自己更加焦虑。个体顺从世人，不再拥有直面自己存在的勇气。他感受不到生活的意义和价值，处于虚空之中。在这种意义上，罗洛·梅不仅仅是一位面向个体的心理治疗师，还是一位对现代人的生存困境进行诊断的治疗师，一位现代人症状的把脉者。当然，罗洛·梅在揭示现代人的生存困境的同时，也指出了建设性的问题解决之道，提供了救赎现代人的精神资源。不过，他留给世人并非简易的行动指南，而是丰富的精神资源，需要世人认真地消化和吸收，由此才能返回到自身的存在中，勇敢地担当，积极地行动，重塑自己的未来。

罗洛·梅在著作中所考察的是 20 世纪中期人的存在困境。现在，当时光已经过去半个多世纪后，人的生存境遇依然没有得到根本的改观，甚至更加恶化。社会的竞争越来越激烈，人们的生活节奏越来越快，个体所承受的压力也越来越大，内心的焦虑、空虚、孤独等愈发严重。人在接受社会的各种新事物的同时，自身的经验却越来越多地被封存起来。与半个世纪前相比，人似乎更加远离了自身的存在。从这个意义上说，罗洛·梅更是一位预言家，他所展现的现代人的生存图景依然需要当代人认真地对待和思考。

郭本禹

2013 年 8 月 15 日

于南京师范大学

冒险会导致焦虑，但不去冒险却将会失去个人的自我……而在最高的意义上，冒险正是为了意识到个人的自我。

———克尔凯郭尔

有人拜访自己的邻居，是因为他要寻找他自己，而有的人是为了欣然失去他自己。你对自己的不健康的爱将会让孤独成为你的牢狱。

———尼采

# 目 录

前言 / 1

## 第一部分 我们的困境 / 1
第一章 现代人的孤独和焦虑 / 3
第二章 混乱的根源 / 29

## 第二部分 重新发现自我 / 57
第三章 成为一个人的体验 / 59
第四章 存在之斗争 / 87

## 第三部分 整合的目标 / 107
第五章 自由与内在力量 / 109
第六章 创造性的良心 / 133
第七章 勇气,成熟的美德 / 172
第八章 人,时间的超越者 / 197

索引 / 216

# 前　言

生活在一个焦虑时代的少数幸事之一是，我们不得不去认识自己。当我们的社会处于标准和价值观巨变的时代，不能像马修·阿诺德（Matthew Arnold）所说的那样，给我们展示一幅"我们是什么？我们应该是什么？"的清晰画面时，我们将会被抛回到对自我的追寻之中。来自各方面使人痛苦的不安全感给了我们新的刺激，让我们不断地追问，是否可能存在一些被我们忽略了的重要指导和力量的源泉？

当然，我也认识到，这不能笼统地被称为幸事。相反，人们会问，生活在这样一个分裂世界中的人怎么可能获得内在的整合？或者，他们会质疑，生活在一个对现在和将来所有一切都不确定的时代，人们又怎么可能进行长期的发展以达到自我实现呢？

大部分富有思想的人都思考过这些问题。心理治疗师们对此并没有什么奇妙的答案。可以肯定的是，深蕴心理学给我们新的启示，使我们能够洞察那些促使我们像现在这样以这种方式思考、感受和行动的潜在动机，它对于我们寻找自我也会起到关键性的帮助作用。但是，除了所接受的技术性训练以及自己的自我理解以外，还有某种东西给作者以勇气，使他敢于踏入天使们不敢闯入的禁区，并就我们在本书中将要面对的难题提供他自己的观点和经验。

这种东西，是心理治疗师在与那些努力战胜自己的问题的人们共同合作时所获得的智慧。他具有非同寻常的（即使通常是负担沉重的）特权来陪伴人们经过内在的、意义深远的斗争以获得新的整合。

而如果心理治疗师不能从中窥探到今天使人们不能看清自己以及阻止他们发现自己能够确定的价值观和目标的东西，那他就真的很愚蠢了。

阿尔弗雷德·阿德勒（Alfred Adler）在谈到他在维也纳所创建的儿童学校时曾说，"学生教导着老师"。在心理治疗中通常也是这样的。而且我不知道心理治疗师除了应该感谢那些被称为他的病人的人，感谢他们每天教会他认识人生的问题和尊严之外，还能炫耀些什么。

同样，我也要感谢我的同事们，关于这些问题，我从他们身上学到了许多东西；我还要感谢加利福尼亚米尔斯学院的学生和教员们，当我在那里作题为《焦虑时代的个人尊严》的百年庆典报告时，曾就一些这样的观点与他们讨论，他们给予了我丰富的、富于启发性的反馈。

本书并不是心理治疗的代替品。从保证一下子就能廉价地、轻松地治愈心理疾病的意义上讲，它也不是一本自助的书籍。但是，从另一种有价值的、深远的意义上讲，每一本好书都是一本自助书籍——它能帮助读者通过书中所反映的内容，理解他自己和他自己的体验，获得关于他自己个人整合问题的启发。我希望本书是这样的一本书。

在本书的这些章节中，我们将不仅关注关于自我的隐藏层面的心理学新见解，同时我们还会关注从古到今文学、哲学和伦理学领域中的学者们的智慧，他们都曾试图理解人们如何才能最佳地面对自身的不安和个人危机，并将这些智慧派上建设性的用途。我们的目的在于发现能够据以抵制我们这个时代的不安的方式，发现我们自身内在力量的中心，并且，在我们力所能及的范围内，指出在一个几乎所有一切都不安全的时代里如何获得我们可以依靠的价值观和目标的途径。

**罗洛·梅**
于纽约

# 第一部分
# 我们的困境

# 第一章
# 现代人的孤独和焦虑

生活在我们这个时代的人们，其主要内在问题是什么？当我们透过造成人们失调的外在原因，如战争的威胁、兵役以及经济的不稳定等时，我们所发现的是潜在的冲突吗？诚然，就像其他任何时代一样，生活在我们这个时代的人们所描述的失调症状也是不幸福、无力决定婚姻或职业、生活中泛化的失望和无意义，如此等等。但是，这些症状的背后究竟是什么呢？

在 20 世纪之初，导致此类问题的最常见原因正如西格蒙德·弗洛伊德（Sigmund Freud）所充分描述的——是个人难以接受生命中本能的、性欲的一面以及由此引起的性冲动与社会禁忌之间的冲突。此后，到了 20 世纪 20 年代，奥托·兰克（Otto Rank）提出，当时人们出现心理问题的潜在根源是自卑感、不确切感和罪恶感。而到了 20 世纪 30 年代，心理冲突的焦点再次发生了转移，正如卡伦·霍妮（Karen Horney）所指出的，常见的共同特征是个人与群体之间的敌意，而且这种敌意通常与对那些超过自己的人所怀有的竞争感有关。那么，20 世纪中期，我们的根本问题究竟是什么？

## ▶ 空洞的人

当我说，根据我的心理学和精神病学同事们以及我自己的临床实践，20世纪中期人们的主要问题是空虚，这样说听起来可能会让人觉得吃惊。我所说的空虚不仅指许多人不知道他们想要什么，而且还指他们通常对于自己的感受没有任何清晰的概念。当他们谈论缺乏自主性或者哀叹自己无力作出决定（这是所有时代都存在的难题）时，事情就会立刻变得非常明显，即他们潜在的问题是，他们对于自己的欲望和需求没有明确的体验。因此，他们感觉到自己会这样或那样地摇摆不定，会带着痛苦的无力感，是因为他们感到空洞、空虚。例如，促使他们前来寻求帮助的主诉症状或许是，他们的爱情关系总是破裂，他们不能完成婚姻计划或者他们对婚姻伴侣不满意。但是他们没谈多久就会清楚地暴露出，他们希望婚姻伴侣（无论是现实的还是理想的）来填补他们内心的某种欠缺和空虚；并且他们会因为他或她不能做到这一点而感到焦虑和愤怒。

通常情况下，他们能够流利地谈论他们想要的东西——成功地完成大学学位课程、找到一份工作、恋爱、结婚、供养家庭——但很快这一点就会凸显出来（甚至他们自己也明白），即他们正在描述的是其他人——父母、教授、老板期望他们做的，而不是他们自己想要做的。20年前，这些外在目标会得到认真的考虑，但现在人们即使在谈论时也能意识到，事实上父母和社会并没有向他们提出所有这些要求。至少从理论上讲，父母会一次又一次地对他说，他们给他自由，让他自己作出决定。而且，个人自己通常也能意识到，追求这些外在的目标对他并没有帮助，而只会让他的问题变得更加困难，因为他对于自己的目标几乎没有信心或现实感。正如有一个人所说，"我只不过是许多镜子的集合，反映了其他所有人期望于我的东西"。

在过去的几十年，如果一个前来寻求心理学帮助的人不知道自己想要什么或感觉到什么，那么我们通常就可以假定，他想要的是某种相当确定的东西，例如某种性的满足，但是他不敢向自己承认这一点。正如弗洛伊德所清楚阐明的那样，欲望就在那里；所需要做的主要事情是，清除压抑，将欲望带进意识当中，并最终帮助病人能够在与现实相符的情况下满足他的欲望。但是在我们这个时代，性的禁忌已经大为削弱；如果有人仍对此抱有怀疑的话，金赛的报告会让他非常清楚这一点。对于那些没有被告知有其他问题的人而言，不用费很大的劲儿就能够找到性满足的机会。而且，人们现在前往治疗的性问题也很少是与社会禁忌本身之间的冲突，而更多的是因为自己内在的缺失，例如缺乏力度或者是不能以强烈的感觉对性伴侣作出反应。换句话说，现在最常见的问题并不是关于性行为的社会禁忌，也不是对于性本身所产生的罪恶感，而是这样一个事实，即性对于许多人而言是一种空虚的、机械的、空洞的体验。

一位年轻女士所做的一个梦说明了"镜子人"所面临的两难困境。这位女士在性方面相当开放，但是她又想结婚，并且无法在两位中意的男士之间作出选择。其中一位属于稳定的中产阶级类型，她自己的小康家庭赞成她嫁给此人；但另一位男士与她一样对艺术和波希米亚风格感兴趣。她无法决定自己是什么样的人以及希望过什么样的生活，在这个痛苦的犹豫不决的过程中，她梦见一大群人投票表决她应该嫁给这两位男士中的哪一位。在梦中，她感觉自己松了一口气——无疑这是一种简便的解决方式。唯一的麻烦是，当她醒后，她却忘记了投票表决的结果。

许多人都可以从自己的内在体验中说出 T. S. 艾略特（T. S. Eliot）于 1925 年写下的预言：

> 我们是空洞的人
> 我们是被塞满了的人
> 相互倚靠在一起
> 脑中被填满了稻草。唉！
> 有形状却没有形式，有影子却没有颜色，

瘫痪了的力量，有姿势却没有动作；……①

也许一些读者会猜想，这种空虚，这种对于知道自己的感受或需要的无能为力，是由于这一事实而引起的，即我们生活在一个不确定的时代——一个战争的时代、征兵的时代、经济变动的时代，无论以何种方式来看待，我们将要面对的都是一个不安全的未来。因此，难怪人们不知道该如何订出计划，并感觉一切都是徒劳无益的。但是，得出这个结论过于肤浅。正如我们在后面将要阐明的那样，这些问题比那些引起它们的外在机缘要深刻得多。而且，战争、经济巨变和社会变化实际上与我们所讨论的心理问题是我们这个社会同一种潜在情势的症状。

还有一些读者可能会提出另一个问题："也许那些前来寻求心理学帮助的人们真的感觉到了空虚和空洞，但是难道这些问题不是神经症问题吗？难道它们并不一定适用于大多数人吗？"诚然，我们将会这样回答，进入心理治疗师和精神分析学家的咨询室的人并不能代表所有人。大体上说来，他们是社会传统的掩饰和防御方式对其不再起作用的人。他们通常是社会中更为敏感、更具天赋的成员；他们需要得到帮助，从广泛的意义上说，是因为相对于那些"适应良好的"能够暂时掩盖自己内在冲突的市民而言，他们不能成功地将这些冲突合理化。当然，19世纪90年代以及20世纪最初10年前去请教弗洛伊德的人所描述的性症状，并不是他们的维多利亚文化的代表：他们周围的大部分人仍继续生活在维多利亚时代的禁忌惯例及其文饰作用之下，他们相信性是令人厌恶的，应该尽可能将其掩盖。但是，第一次世界大战之后，即到了20世纪20年代，这些性问题却变得公开，而且流行。于是在欧洲和美国，几乎每一个老于世故的人都体验到了同样的性冲动与社会禁忌之间的冲突，而在一二十年前，很少有人会体

---

① "The Hollow Men," in Collected Poems, New York, Harcourt, Brace and Co., 1934, p.101.（为方便读者查找文献，文献部分未作翻译。——译者注）

验到这种冲突。无论人们对弗洛伊德的评价有多高,他们都不能天真地认为,弗洛伊德通过他的著作导致了这一发展;他仅仅是预言了这种发展。因此,相对较少的人——那些在为内部整合而斗争的过程中前来寻求心理治疗帮助的人——为我们认识社会心理表层之下的冲突与紧张提供了一个具有启迪作用且意义重大的晴雨表。我们应该认真地对待这个晴雨表,因为它是那些尚未爆发,但也许很快就要在社会中广泛爆发的混乱与问题的最佳索引之一。

而且,我们并非只有在心理学家和精神分析学家的咨询室中才能观察到现代人内心空虚的问题。许多社会学资料表明,"空洞"已经以许多不同的方式出现在我们社会中。就在我撰写这些章节的时候,戴维·里斯曼(David Riesman)的杰出著作《孤独的人群》(*The Lonely Crowd*)引起了我的注意。他在关于生活在第一次世界大战前的美国人的精彩分析中也发现了这种空虚,里斯曼说,这些典型的美国个体是"内部导向的"。他已经接受了人们教授给他的标准,从维多利亚后期的意义上来说,他是一个有道德的人,他具有强烈的动机和野心(尽管这些动机和野心来自于外部)。他生活得就好像是有一个内在的陀螺仪给予了他稳定感。这种类型完全符合早期精神分析所描述的那些在强有力超我的指导下情感受到压抑的人。

里斯曼接着说,但是当今典型的美国人是"外部导向的"。他不是寻求出人头地,而是寻求"适应";他生活得就好像是他受到了一个紧紧固定在他头脑中并且不断告诉他别人期望他如何做的雷达的指挥。这种雷达型的人从他人那里得到动机和指导;就像那个把自己描述为是一个由多面镜子组成的装置的人,他能够作出反应,但却不能进行选择;他没有他自己有效的动机中心。

我们没有暗示——里斯曼也没有暗示——对维多利亚后期"内部导向的"个体的钦佩。这些人通过内化外在的规则,通过划分意志力和理智,并通过压抑其情感而获得力量。这种类型的人最适合取得事业上的成功，因为像 19 世纪的铁路巨头和工业巨头一样，他们能够像操纵煤炭机车和证券市场一样地操纵他人。陀螺仪是对他们的一种极好的象征，因为它代表了一种完全机械的稳定中枢。威廉·伦道夫·赫斯特（William Randolph Hearst）是这种类型中的一个例子：他积聚了巨大的权力和财富，但是他在这种力量的表面下却非常焦虑（尤其是对于死亡），他绝不允许任何人在他面前使用"死亡"这个词。这种陀螺仪型的人通常会对他们的孩子产生灾难性的影响，因为他们非常僵化、教条，没有能力学习和作出改变。根据我的判断，这些人的态度和行为很好地说明了：社会中某些态度在瓦解之前通常倾向于僵化定形。我们很容易看出，一个空虚的时代将肯定紧随"铁人"时代的崩溃而来；掏出那个陀螺仪，他们就变得空洞了。

因此，我们不会为了陀螺仪型人的毁灭而留下一滴眼泪。人们可以在他的墓碑上写下这样的墓志铭："就像恐龙一样，他有权力，却没有改变的能力；有力量，却没有学习的能力。"我们认识了解这些 19 世纪之最后代表的主要价值在于，我们将因此而不至于被他们虚假的"内在力量"所诱惑。如果我们清楚地看到，他们获得心理力量的陀螺仪式的方法是不合理的，甚至最终使自己的目标无法实现，而且他们的内部导向是整合的道德替代物，而并非整合本身，那么我们就会更加确信，我们有必要在自身中找到一个新的力量中心。

事实上，我们的社会还没有发现可以用来取代陀螺仪型人那些僵化规则的东西。里斯曼指出，我们这个时代"外部导向的"人通常的特征是具有被动和冷淡的态度。今天的年轻人大体上已经放弃了超越他人、出人头地的雄心，或者如果他们确实有这种雄心的话，他们也会将其视为一种错误，并且经常会因为父辈们遗留下来的这种东西而深感抱歉。他们希望被其同伴所接受，甚至默默无闻地被群体消融。这一社会学画面在很多方面都与我们在对个体所进行的心理学研究中所得到的画面非常相似。

一二十年前，这种最初被中产阶级在相当广泛的范围内体验到的空虚感，还可以被取笑为是郊区市民的毛病。郊区市民为这种空虚的生活提供了最为清晰的画面，他们每个工作日的早上在同一时刻起床，乘坐同一列火车进城工作，在办公室做着同样的事情，在同一个地方吃午饭，每天给女服务员同样的小费，每天晚上乘坐同一列火车回家，养育两三个孩子，培植一个小花园，每个夏天去海滨度两周他自己并不喜欢的假期，每逢圣诞节和复活节就去教堂做礼拜，年复一年地过着程序式的机械生活，直到最后在65岁时退休，在那之后不久就会因为心脏病而去世，而且这种心脏病很可能是由于受压抑的敌意而引起的。不过，我总是私下怀疑，他会不会是死于厌烦。

但是，现在却有许多迹象表明，空虚和厌烦对许多人来说已经变得严重得多。不久以前，纽约市许多家报纸都报道过一件十分奇怪的事件。有一天，布朗克斯（Bronx）的一位公共汽车司机开走了他驾驶的空车，直到好几天后才在佛罗里达被警察抓获。他解释说，由于厌倦了每天在同一条路线上行驶，他决定来一次这样的驾车旅行。报纸上报道得很清楚，当他被带回来后，公共汽车公司很难决定他是否应该受到惩罚以及如何对他进行惩罚。当他到达布朗克斯的时候，他成了"引起轰动的人物"，许多显然与他从未有过任何私人交往的人都到场欢迎这位驾车旅游的公共汽车司机。当公司宣布已经决定不对他进行法律惩罚，而是只要他保证不再做这种短途旅游就让他继续工作时，布朗克斯不仅爆发出了象征性的喝彩，而且爆发出了由衷的欢呼。

为什么这些生活在大都市的富有的布朗克斯市民（与城市中产阶级市民的习俗接近）会把这样一个人捧为英雄呢？根据他们的标准，这个人本应是一个偷汽车的贼，而且更糟糕的是，他不按时上班。难道这不是因为这位对每天只能按照指定的路线行驶、经过同样的街区、停靠在相同的拐角厌烦得要死的司机，代表了这些中产阶级某种相似的空虚感和无效感？而他的行为，尽管没有什么效果，不也代表了布朗克斯这些富有市民某种深层但却受到压抑的需要？在较小的范围内，这使我们想起这一事实，即正如保罗·蒂利希（Paul Tillich）所说，几十年前的法国中上层资产阶级之所以能够忍受那种毫无价值的、机械的程序式商业和工业活动，仅仅是因为在他们身边存在有许多玩世不恭之作风或思想的中心。而今天生活得就像"空洞人"的人之所以能够忍受这种千篇一律的生活，仅仅是因为他们可以偶尔地爆发——或者至少可以认同其他人的爆发。

在某些圈子里，空虚在"善于适应"这种说法的掩饰下，甚至成为人们追求的目标。《生活》（*Life*）杂志上一篇题为《妻子问题》[①]的文章最为醒目地阐明了这一点。通过总结最初出现在《财富》（*Fortune*）杂志上的关于公司董事妻子角色的一系列研究，这篇文章指出，这位丈夫能否得到提升在很大程度上取决于他的妻子是否符合这种"模式"。过去，只有牧师的妻子在她丈夫被录用之前会受到教堂理事的检查；而现在，公司董事的妻子会受到许多公司公开或隐蔽的审查，就像审查公司所使用的钢材、羊毛或其他商品一样。她必须非常善于交际，不需要非常有才气或引人注目，但她必须具有非常"敏感的触角"（又是一台雷达装置！），这样她就永远能够随机应变。

"好妻子好在无所作为——好在当丈夫工作到很晚时而不抱怨，好在当遇到工作调动时而不唠叨，好在不参与任何有争论性的活动。"因此，她的成功不是取决于她如何主动地运用她的力量，而是取决于她知道何时以及如何保持被动。《生活》杂志中提到，最重要的规则是"不要太优秀。赶上其他人固然很重要，但是在更具进取心和更为原始的时代，赶上其他人实际上是指超过其他人，而今天，赶上仅仅是指：保持。是的，我们可以超过他人——但是，只能稍微领先，而

---

[①] 1952年1月7日。

且时机必须恰到好处"。最终，公司几乎制约了妻子所做的一切事情——从她可以有什么样的同伴，到她可以开什么样的车以及她喝什么酒、喝多少酒、读什么书、读多少书都受到了制约。诚然，作为对这种契约关系的回报，现代公司会"照顾"其员工，给予他们更多的安全、保险以及计划好的假期，等等。《生活》杂志评论道，"公司"已经变成像奥威尔（Orwell）的小说《1984》中的"老大哥"——独裁者的象征。

《财富》杂志的编辑承认说，他们发现这些结果"有点让人害怕。顺从似乎正在被提升成为与宗教相类似的东西……也许美国人将会进入一个蚂蚁社会，这不是通过独裁者的命令而形成，而是通过彼此相处融洽的强烈欲望……"

虽然在一二十年前人们可能会嘲笑他人那种毫无意义的厌烦感，但是现在，对于许多人来说，这种空虚已经从厌烦的状态发展成为无效感和绝望的状态，而这将是危险的。纽约市高中学生中药物成瘾的广泛发生，确实与这一事实有相当大的关联，即这些青少年中的绝大多数除了服兵役和置身于无法解决的经济状况中之外，没有什么可以期望的，而且，他们没有积极的、建设性的目标。人类无法长期生活在空虚的状态之中：如果他不是朝着某种东西发展，他绝不会仅仅是停留在原处；这种被抑制的潜能会转变为病态与绝望，并且最终会转变为破坏性活动。

这种空虚体验的心理根源是什么？我们从社会学的角度和个体的角度所观察到的空虚或空洞感，不应该被视为是指人是空洞的或者是没有情感潜力的。人并非静态意义上的空洞之物，他就像蓄电池一样需要充电。相反，这种空虚的体验通常来自于人们的感觉，他们感觉到对自己的生活以及他们所生活的世界，无力做出任何有效的事情。内在的空虚是一个人长期积聚的对自己的特定信念的结果，即他坚信自己无法成为一个实体来指导他自己的生活，来改变他人对他的态度，或有效地影响周围的世界。因此，他就产生了深刻的绝望感和无效感，而这是我们这个时代许多人都有的感觉。而且既然他所想的和所感受的都没有什么现实的意义，于是他很快就会放弃自己的想法和感受。冷淡和情感的缺乏也是对抗焦虑的防御措施。当一个人不断地遭遇他无力战胜的危险时，他的最后防线是，最终甚至回避感觉到这些危险。

当代敏感的研究者已经看到这些发展趋势即将来临。埃里希·弗洛姆（Erich Fromm）已经指出，今天的人们不再生活在教会权威或道德条规之下，而是生活在公众舆论等这样的"匿名权威"之下。这种权威是公众本身，但是这个公众仅仅是许多个体的集合，其中每一个个体都带有自己的雷达装置，他们可以通过调整这个装置来发现其他人期望他怎么做。《生活》杂志那篇文章中的公司董事做得最好，因为他们——以及他们的妻子——已经成功地"适应"了公众的舆论。因此，公众是由许多汤姆、玛丽、迪克、哈里等所有这些人所组成的，他们是公众舆论这种权威的奴隶！里斯曼也提出了相关的观点，认为公众因此而害怕鬼怪、妖怪和怪物。当这种权威是由我们自己组成时，这就是一种带有大写"A"字的匿名权威，但我们自己却没有任何个人的中心。我们最终害怕的是我们自己的集体性空虚。

而且正如《财富》杂志的编辑们一样，我们也有充分的理由害怕这种顺从和个人空虚的情形。我们只需提醒我们自己一下，二三十年前欧洲社会的伦理和情感空虚是如何导致法西斯专政来填补这种空虚的。

这种空虚和无力情形的最大危险是，它迟早会导致痛苦的焦虑和绝望，而且如果不加以纠正，它最终会导致人类最珍贵的品质无效甚至被排斥。它最终的结果是个体心理上的萎缩与枯竭，要不然就会屈服于某种具有破坏性的权威主义。

## 孤独

现代人的另一个特征是孤独。他们将这种感觉描述为"置身在外的"、被隔离的，或者如果他们久经世故的话，就会说他们有被疏远的感觉。他们强调，对于他们来说，被邀请参加舞会或宴会是非常重要的，这不是因为他们非常想去参加（尽管他们通常确实都去参加了），也不是因为他们在聚会中能够获得快乐或者与同伴、他人分享体验和感受人与人之间的温暖（通常他们不能得到这些，而只会感到厌烦）。相反，被邀请之所以非常重要，是因为这是他们并不孤独的一种证明。对许多人来说，孤独是一种最大的让人痛苦的威胁，以至于他们对孤独的积极价值几乎没有什么概念，而且甚至有时候，他们一想到单独一个人就会感到非常恐惧。安德烈·纪德（André Gide）说道，许多人都遭受过"发现自己处于孤独之中的恐惧，因此他们根本就发现不了自己"。

空虚感和孤独感是分不开的。例如，当人们谈到恋爱关系的破裂时，他们通常不会说他们因为失去爱人而感到悲伤或羞辱，相反，他们通常会说他们感到自己"被掏空了"。正如有人说过的那样，失去对方在内心留下了一片"裂开着的空白"。

孤独感与空虚感之间存在密切关系的原因不难发现。因为当一个人无法在内心确切地知道他究竟想要什么以及他感受到什么时；当他在经历创伤性变化期间开始意识到这一事实，即他被教授去遵循的传统欲望和目标已经不再给他带来任何安全感或方向感时，也就是说，当他置身于社会巨变的外在困惑之中而感到一种内在的空虚时，他感觉到了危险；而且他的自然反应是环顾四周寻找他人。他希望，他人将会给他某种方向感，或者至少由于认识到不是他一个人在恐惧而得到某种安慰。因此，空虚感和孤独感是焦虑这种基本体验的两个阶段。

或许读者还能回想起当第一颗原子弹在广岛上空爆炸时像潮水一样席卷我们的焦虑感，当时我们感觉到了自己所面临的巨大危险——也就是说，感觉到了我们可能是最后的一代——但是我们却不知道我们应该转向哪个方向。非常奇怪的是，当时许多人的反应是，感觉到了一种突如其来的深切的孤独感。虽然诺曼·卡曾斯（Norman Cousins）本想在他的文章《现代人已被废弃》（Modern Man Is Obsolete）中努力表达知识分子在令人惊骇的历史时刻的最深切感受，但是他却没有写到人类如何保护自己不受到核辐射、如何解决种种政治问题以及人类自我毁灭的悲剧。相反，他的社论却是对孤独感的一种沉思。他宣称，"人类的所有历史就是一种战胜其孤独感的努力"。

当一个人感到空虚和害怕时会产生孤独感，这不仅是因为他想要得到人群的保护，就像野兽在兽群中能够得到保护一样。对他人的渴望也不仅仅是一种用来填补自己自我中的空白的努力——尽管这无疑是一个人在感到空虚或焦虑时对人际交往之需要的一个方面。更基本的原因是，人类是在与他人的关联中获得其成为自身的最初体验的，而当他一个人，没有他人陪伴时，他就会害怕失去这种成为自身的体验。人类作为一种生物社会学意义上的哺乳动物，不仅在漫长的童年时代需要依赖于其他人，如父亲、母亲等来获得安全感，而且他同样也需要从这些早期关系中获得他对自己的意识，而这种意识是他在以后生活中定位自己的能力的基础。在下一章，我们将会更详尽地讨论这些重要的观点——在这里，我们只希望指出，孤独感产生的部分原因是由于人类需要与他人的关系以对自己进行定位。

但是，孤独感产生的另一个重要原因来自于这一事实，即我们的社会过于强调为社会所接受。这是我们缓解焦虑的主要方式，也是我们个人声望的主要标志。因此，我们总是不得不通过经常被人追求、从来不会孤独等来证明我们"在社会上是成功的"。如果一个人受到大家的喜欢，也就是说，在社会上是成功的——那么我们的上述观点就会成立——他将很少孤独；而如果一个人不被喜欢，那就表示他在这场竞争中已经失败了。在陀螺仪型人以及更早的时代，声望的主要标准是金钱上的成功；而现在人们的信念是，如果一个人受到大家的喜欢，那么金钱上的成功与声望就会随之而来。《推销员之死》（Death of a Saleman）中的威利·洛曼（Willie Loman）忠告他的儿子说，"要得到大家的喜欢，这样你就永远不会有所欠缺"。

现代人孤独的反面，是他对孤独的极大恐惧。我们的文化允许一个人说他感到孤独，因为这是承认孤独不是一件好事的一种方式。那些令人伤感的带有一定怀旧意味的浪漫歌曲表现了这种感伤：

> 我和我的影子，
> 没有一颗心灵可以倾诉我的烦恼……
> 只有我和我的影子，
> 一切都是孤独的，让人忧郁。①

而且，渴望暂时孤独以"摆脱所有烦恼"也是允许的。但是，如果有人在舞会上提到，他喜欢孤独，不是为了想休息一下或是一种逃避，而是为了孤独本身的乐趣，那人们将会认为他一定是出了什么毛病——他一定是染上了某种不可接触的流氓习气或疾病。而且，如果有人大部分时间都是一个人，那人们将倾向于认为他是一个失败者，因为对他们来说有人自己选择孤独是不可思议的。

对孤独的恐惧成了我们社会中人们渴望被人邀请这一强烈需要的原因，或者如果是他邀请其他人的话，就渴望他人接受邀请。这种不断"参加邀请"的压力已经超出了这些现实的动机，如人们在互相的陪伴中所得到的快乐和温暖，情感、观念和体验的丰富或者是得到放松的纯粹快乐。事实上，这些动机与被邀请的强迫性想法几乎没有任何关系。许多久经世故的人很好地意识到了这一点，而且希望自己能够说"不"；但是他们又非常希望得到参加的机会，而且在通常的社会生活中，拒绝邀请意味着他迟早将不再被人邀请。从内心深处冒出

---

① 《我和我的影子》（Me and My Shadow），演唱者为比利·罗斯（Billy Rose）、阿尔·乔尔森（Al Jolson）和戴夫·德雷尔（Dave Dreyer）。版权属于纽约伯恩公司（Bourne, Inc），1927年，版权使用得到允许。

来的使人冰冷的恐惧是,那样的话,他将完全被人排斥,被拒之门外。

诚然,在所有的年代,人们一直都害怕孤独,并一直尽力逃避孤独。帕斯卡(Pascal)在17世纪就观察到人们为转移自己的注意力而作出的巨大努力,他认为,这些转移注意力的做法中,大部分都是为了使人们能够避免对自己的思考。100年前,克尔凯郭尔(Kierkegaard)写道,在他那个年代,"人们通过转移注意力和听嘈杂的音乐等方式来做一切可能的事情,以驱散孤独的思考,就像在美洲的森林中,他们通过火把、呐喊以及铙钹的声音来驱赶野兽一样"。但是我们现在的不同之处在于,我们对于孤独的恐惧要广泛得多,而且对抗恐惧的防御措施——转移注意力、社会交往以及"受人喜欢"——也变得更加僵化和更具强迫性。

现在,让我们来勾画一幅在我们社会中有些极端但并非不同寻常的关于对孤独的恐惧的印象主义画面,这是我们可以在避暑胜地的社交活动中看到的。我们可以想象一个典型的、较为富有的海滨避暑营地,人们来这里度假,因而他们暂时没有任何工作来作为逃避和支撑。对这些人来说,不断地举行鸡尾酒会是非常重要的,尽管在每天的酒会上,他们遇到的是同样的人,喝的是同样的鸡尾酒,谈论的是同样的主题或者没有可以谈论的话题。重要的不是谈话的内容,而是某种谈话必须不断地持续下去。沉默是极大的罪恶,因为沉默就表示孤独,而且是令人害怕的。这些人不应该有太多的感受,也不应该在自己所说的话中包含太多的意思:如果你自己都不尽力去理解的话,你所说的话似乎就会更有效。人们有一种奇怪的印象,即所有这些人都害怕某种东西——这种东西到底是什么?这种"空洞无物的交谈"似乎是一种原始部落的仪式、一种事先计划好的巫婆舞蹈,其目的是为抚慰某个神灵。是的,确实有一个他们正尽力抚慰的神灵,或者更应当说是一个魔鬼:这就是孤独这个幽灵,它就像海上飘来的雾笼罩在四周。无论如何，人们将不得不在清晨醒来的半个小时中面对这个幽灵斜眼一瞥的恐怖。因此，他们会尽一切可能将它赶走。形象地说，他们尽力抚慰的乃是死亡这个幽灵——死亡是最终分离、孤独以及与其他人类隔绝的象征。

我承认，上述例证是极端的。在我们大多数人的日常体验中，对孤独的恐惧也许通常不会以强烈的方式突然出现。我们通常有很多方法来"驱散孤独的想法"，而且我们的焦虑也可能只会偶尔出现在噩梦中，一到早上我们便尽量立刻将它忘掉。但是对孤独之恐惧的强度的差异以及我们对抗恐惧的防御措施的相对成功，并不能改变核心的问题。我们对孤独的恐惧也许无法通过焦虑本身来证明，但是却可以通过一些微妙的想法来进行证明，即当我们发现自己没有被邀请参加某人的舞会时出现的想法，它会使我们想起另外一个人是多么喜欢自己，即使刚刚说到的这个人不喜欢，或者它会告诉我们，我们在过去某个时间是多么成功或多么受人欢迎。通常情况下，这个消除疑虑的过程是自发的，以至于我们自己都意识不到这个过程本身，而仅仅只能意识到随之产生的自尊心的满足。作为生活在 20 世纪中期的公民，如果我们能够诚实地审视自己，能够看透我们习以为常的伪装，难道我们发现不了这种几乎一直陪伴着我们的对孤独的恐惧，尽管它有许多种伪装方式？

对孤独的恐惧大部分是源于害怕失去我们自己的自我觉知的焦虑。如果人们想到长时间处于孤独的状态中，没有任何人与之交谈或者没有任何收音机播放声音，那么他们通常就会害怕，害怕自己将处于"松开着的一端"，将失去自我的边界，将触碰不到任何东西，将没有任何东西来定位自己。有趣的是，他们有时候会说，如果他们长时间独处，他们将无法为了感到疲倦而工作或玩耍；而且他们也因此将不能安然入睡。这样，尽管他们通常无法解释，但是他们将弄不清清醒与入睡之间的差异，就像他们弄不清主观自我与他们周围的客观世界之间的差别一样。

每个人都是从他人跟自己所说的话以及他人对自己的看法中获得他对自身现实的大部分感觉的。但是许多现代人却已经达到了这种程度，即他们对现实的感觉完全依赖于他人，以至于他们会害怕，如果没有对他人的依赖，他们将失去其对自身存在的感觉。他们觉得，他们将会"消散"，就像水在沙滩中四面八方地流淌一样。许多人都像盲人，他们只能通过触摸一连串的他人来摸索自己的生活道路。

在其极端的形式中，这种失去自己方向的恐惧是精神病的恐惧。当人们实际上已经处于精神病的边缘时，他们通常会有一种急切的寻求某种与其他人之联系的需要。这是合理的做法，因为这种与他人的关联能够为他们提供与现实之间的桥梁。

但是我们在这里讨论的问题却有着不同的起因。现代西方人400年来所接受的训练都是对理性、一致性和机械学的强调，他们一致努力地压抑自我中不符合这些一致性和机械标准的方面，并取得了不幸的成功。那些感觉到自己内在空洞性的现代人害怕，如果他周围没有固定的同事，如果没有日常活动和常规工作这些护符，如果他忘记了现在是什么时间，那他将会感觉到（尽管是以一种隐约的方式）某种像处于精神病边缘的个体所体验到的威胁。这种说法难道不合理吗？当一个人确定自己方向的习惯方式受到了威胁，而且当一个人周围没有其他人时，那他就会被掷回到内部资源和内在力量中，而这正是现代人已经忽略加以发展的东西。因此，对他们当中的许多人来说，孤独是一种真实而非想象的威胁。

被社会接受、"被他人喜欢"之所以具有如此巨大的力量，是因为它们可以阻止孤独感的迫近。一个人被舒适的温暖所包围；他已经融入了这个群体中。他再次被吸收了——用极端的精神分析象征来说，他好像将要回到子宫中。他暂时摆脱了孤独；但这却是以放弃他作为独立本体的存在为代价的。而且他放弃了一种最终将使他建设性地战胜孤独的东西，即发展他自己的内在资源、力量和方向感，并以此作为与他人建立有意义的关系的基础。这些"被塞满了的人"注定会变得更加孤独，无论他们怎样"相互倚靠在一起"；因为空洞的人不具备学会如何去爱的基础。

## 》焦虑以及对自我的威胁

焦虑是现代人的另一个特征，它甚至比空虚和孤独更为根本。因为"空洞"和孤独不会干扰我们，除非它使我们遭受那种被称为焦虑的特有的心理上的痛苦和混乱的折磨。

每一个阅读晨报的人都无须我们去向他证明，我们生活在一个焦虑的时代。35年中连续两次世界大战、经济的动荡和萧条、法西斯野蛮状态的猖獗、极权主义的兴起以及现在长期的半战争状态和即将持续几十年的冷战前景，而且我们还在核武器竞赛的第三次世界大战的边缘如履薄冰——这些简单的事实在任何一张日常报纸上都可以看到，它们足以证明我们世界的基础已经发生了很大的动摇。难怪贝特兰·罗素（Bertrand Russell）写道，我们时代痛苦的事情是"那些感觉到确定性的人却是愚蠢的，而那些具有想象力和理解力的人则充满了怀疑和犹豫"。

在先前的一本著作《焦虑的意义》（*The Meaning of Anxiety*）中，我已经指出——我们所处的20世纪中期是中世纪瓦解以来人们最焦虑的时代。在14世纪和15世纪，欧洲曾被以恐惧死亡、怀疑生活的意义和价值、迷信以及恐惧魔鬼和巫师等形式表现出来的焦虑所淹没，那些年代可以与我们现在这个时期一比。我们需要做的只是将中世纪没落时代的历史学家所写的"对死亡的恐惧"读成对核毁灭的恐惧，将"怀疑的痛苦"读成信念和伦理价值观的丧失，这样我们就大致完成了对我们这个时代所作描述的开头。我们也有以对飞碟和来自于火星的小人的焦虑这种形式出现的迷信，我们的"魔鬼和巫师"

是以纳粹及其他极权主义神话中魔鬼似的超人的形式出现的。那些希望得到更为详细的关于现代焦虑——正如在情绪和心理障碍、离婚和自杀、政治和经济动荡发生率的上升中所表现出来的——证据的人，可以在上面提到的那本书中找到你要的东西。

实际上，"焦虑的时代"这个短语几乎已经成了陈词滥调。我们已经非常习惯于生活在一个准焦虑的状态之中，以至于我们真正的危险成了那种以鸵鸟似的方式遮住我们眼睛看到的诱惑的做法。在即将到来的二三十年中，我们将生活在动荡、冲突、战争以及关于战争的谣言之中，而且，对于具有"想象力和理解力"的人来说，他所面临的挑战是，他将可以毫不避讳地面对这些动荡，并且看看能否通过勇气和洞见建设性地运用他的焦虑。

认为当代战争、经济萧条和政治威胁就是导致我们焦虑的全部原因是错误的，因为我们的焦虑也是导致这些大灾难的原因。我们今天盛行的焦虑以及我们世界一直经历的一系列经济和政治大灾难，都是同一个潜在原因的症状，即西方世界所发生的创伤性变化。例如，法西斯和纳粹极权主义不会因为一个希特勒或墨索里尼决意篡夺权力而出现。相反，当一个民族陷入难以支持的经济匮乏，而且在心理和精神上很空虚时，极权主义就会出现以填补这一空虚；而人们会将自由作为一种必需品加以出卖，以摆脱对他们来说已经大到不能再忍受的焦虑。

我们民族的混乱和困惑已经在很大规模上显示出了这种焦虑。在这个战争和战争威胁的时代，我们知道我们反对的是什么，那就是对人的自由和尊严的极权主义侵犯。我们对自己的军事力量有足够的自信，但是我们进行的却是防御性的战争；我们就像陷入绝境的猛兽，东蹿西蹿，却不知道该从这边出击还是该从那边出击，该等待还是该进攻。作为一个国家，我们很难决定究竟应该进入朝鲜多远，我们是应该在这儿还是在那儿发动战争，或者我们应该把反对极权主义的防线画在这一点还是在那一点上。如果有人攻击我们,我们应该要完全团结起来。但是我们对于建设性目标却困惑茫然——除了防御以外,我们为了什么而战?而且甚至像马歇尔计划这样对于建设新世界作出宏伟承诺的种种迈向新目标的步骤,也遭到了一些群体的质疑。

当一个人在一段时间内不断地陷入焦虑,他的身体就很容易遭受心身疾病。而当一个群体不断地陷入焦虑,而又不能采取达成一致意见的建设性步骤时,其成员早晚都会相互对抗。正因为如此,当我们的民族处于混乱和困惑中时,我们就会遭受像麦卡锡主义(McCarthyism)人格扼杀、政治迫害以及无所不在的致使每一个人都怀疑其邻居的压力等的毒害。

在将我们的目光从社会扫视到个人后,我们在神经症及其他情绪障碍的流行中看到了焦虑最为明显的表现形式——而这些神经症和情绪障碍,正如从弗洛伊德起几乎所有人都同意的那样,其根源都在于焦虑。同样,焦虑又是许多心身障碍——溃疡以及许多不同形式的心脏病等在心理上常见的共同特征。总之,焦虑是我们现代严重的"肺结核病"——人类健康和幸福的最大破坏者。

当我们透过个人焦虑的表层,就会发现,它来自于某种比战争威胁和经济动荡更为深刻的东西。我们之所以焦虑,是因为我们不知道应该追求什么样的角色,应该相信什么样的行为原则。我们个人的焦虑有点像我们民族的焦虑,它是一种基本的关于我们该何去何从的混乱和困惑。一个人应该像我们过去被教导的那样努力竞争以获得经济上的成功与富有,还是应该做一个所有人都喜欢的热诚而令人感到亲切的人?他不可能两者兼得。他是应该遵循这个社会关于性问题的既定教义而成为一个一夫一妻主义者,还是应该遵循金赛报告所显示出来的一般人的"所作所为"?

这些仅仅是我们将要在本书后面章节中进行深入探究的一种状况的两个例子,即现代人所感受到的关于目标和价值观的基本困惑。林德博士和林德夫人（Dr. & Mrs. Lynd）在他们对20世纪30年代美国中西部一个城镇进行研究后所写的报告《过渡中的米德尔敦》（*Middletown in Transition*）中写道，这种典型社区中的市民"已经陷入了相互冲突的模式的混乱之中，他们中没有一个人应该完全受到谴责，但是也没有任何人可以得到明确的赞同并摆脱混乱"。我认为，20世纪30年代的中等城镇与我们当前境况的主要差异在于，现在这种混乱已经更深地渗透进了情感和欲望的层面。在这样的困惑中，许多人都体验到了奥登（Auden）的诗《焦虑的时代》（*The Age of Anxiety*）中那个年轻人内心所感受到的让人痛苦的担忧：

> 天色渐晚。
> 有人会来眷顾我们吗？难道我们仅仅是
> 根本就不再被人需要？

如果有人认为对这些问题可以给出简单的答案，那他就既没有理解这些问题，也没有理解我们所生活的时代。正如赫尔曼·黑塞（Herman Hesse）所说的，这是一个这样的时代，"在这个时代里，整代人都被困在两个时代、两种生活模式之间，其结果是这一代人失去了理解自身的所有力量，他们没有标准，没有安全感，没有简明的认可"。

但是我们有充分的理由提醒自己，焦虑代表了一种冲突，只要冲突继续下去，我们就可能找到一种建设性的解决方式。实际上，正如我们在下面将要看到的，我们当前的混乱既是当前大灾难的一种证明，又是将来出现各种新的可能性的证明。要想建设性地使用焦虑，首先，我们必须坦白地承认和面对这种危险的状态，无论是从个人方面还是从社会方面都要承认和面对。为了帮助我们做到这一点，现在我们将尽力获得一个更为清晰的关于焦虑的含义。

## 》什么是焦虑？

我们将如何定义焦虑？它与恐惧有怎样的联系？如果你正在穿过

一条马路并看到一辆汽车高速向你驶来,你的心跳会突然加速,两眼会集中在汽车与你之间的距离上,并确定要走多快才能到达路边的安全地带,于是你快速穿了过去。你感觉到了恐惧,而这种恐惧给予了你力量让你冲到安全地带。但是如果当你开始快速横穿马路时,你吃惊地看到许多汽车正从相反方向较远的行车道上向你驶来,你突然被困在马路的中间,不知道应该转向哪个方向,你的心跳剧烈加快,但是与上面提到的恐惧体验不同,现在你会感觉到恐慌,而且你的视力可能会突然变得模糊。你有一种想盲目地冲向任何一个方向的冲动——而这种冲动,我们可以满怀希望地假定,你最终控制住了它。在汽车从你身边驶过以后,你可能会感觉到一种轻微的晕眩,心底有一种空洞感。这就是焦虑。

在恐惧中,我们知道是什么在威胁着我们,而这种情境会给予我们能量,我们的知觉会变得更为敏锐,而且我们会采取措施拔腿就跑,或者以其他恰当的方式战胜危险。但是在焦虑中,我们虽然受到威胁却不知道应该采取什么措施来面对危险。焦虑是一种被"困住"、被"淹没"的感觉;而且我们的知觉会变得模糊不清或不明确,而不是变得更为敏锐。

焦虑可以以轻微或巨大的强度出现。在见一位重要的人物之前,它可能会是一种适度的紧张;而在一场与自己的未来息息相关而自己又不能确定是否能够通过的考试前,它又可能是一种担忧。或者当一个人在等待获知他所爱的人是否在空难中丧生或者他的小孩在湖上发生暴风雨后究竟是被淹死还是得以平安归来的消息时,额头上出现了汗珠,这时它就可能完全是一种恐惧。人们以各种各样的方式体验到焦虑:一种内在的"痛楚"、心脏的收缩、泛化的困惑;或者他们可以将其描述为感觉到仿佛周围的整个世界都是深灰或黑暗一片,或者仿佛感觉到一种像一个小孩在意识到自己迷路后所体验到的那种恐怖。

实际上，焦虑可以呈现出各种形式和强度，因为它是人类在其生存遭受危险时所作出的基本反应，是当人类视为与其生存同等重要的某种价值观遭遇危险时所作出的基本反应。恐惧是一种对自我某一方面的威胁——如果一个小孩与人打架，他可能会受伤，但是这种伤不会威胁到他的生命；或者大学生可能会有些害怕期中考试，但是他知道，即使考试不通过，天也不会塌下来。但是一旦这种威胁变得大到足以危及整个自我，那么他就会体验到焦虑。焦虑打击的正是我们自我的"核心"：这是当我们作为自我的存在受到威胁时所感受到的东西。

使得一种体验成为焦虑的是体验的质，而不是它的量。假定当一个朋友在街上从你身边走过但没有同你打招呼，你可能只感觉到内心有一种轻微的疼痛，但是尽管这种威胁并不强烈，事实上这种疼痛却会一直持续，而且你会感到困惑并到处寻求关于为什么这位朋友冷落我的"解释"，这表明，这种威胁所威胁到的是我们内心根本的东西。在其最为强烈的程度上，焦虑是人类遗留下来的最为痛苦的情绪。正如莎士比亚所说，"当前的危险远不如对未来的想象"；而且人们宁可跳下救生艇被淹死，也不愿面对更大的痛苦，即不断地怀疑和感到不确定，不知道自己是否能够被救。

死亡的威胁是焦虑最为常见的象征，但是我们"文明"时代的大部分人并不会经常遭遇面对枪管或其他方式的威胁，尤其是死亡威胁的危险。我们的大部分焦虑通常是在当我们所坚持的对作为自我的存在非常重要的某种价值观受到威胁时而产生的。汤姆这个人将会被载入科学史册，是因为他的胃上有一个孔，通过这个孔，纽约医院的医生们可以观察到他在焦虑、恐惧以及其他紧张状态下的心身反应，这为此作了很好的证明。在汤姆担心自己能否保住在医院的工作或者是否将要靠救济金生活期间，他大声地说，"如果我不能够养活我的家人，我将立刻跳海"。也就是说，如果成为一个有自尊心的靠工资为生的人这一价值观受到威胁时，汤姆就会像推销员威利·罗曼以及我们社会中无数的其他人那样，将感觉到他不再作为一个自我而存在，因而不如死了的好。

这就从这个或那个方面阐明了对几乎所有人来说都是正确的道理。某些价值观，如取得成功、对某人的爱、说出真理的自由（例如苏格拉底）或者忠实于自己"内在的声音"（例如圣女贞德）等，都被信奉为一个人活下去的理由的"核心"，而且如果这样一种价值观受到破坏，这个人就会觉得他作为一个自我的存在也同样遭到了破坏。"不自由，毋宁死"这种说法既不是浮夸言辞，也不是由于疾病而发出的呐喊。既然对于我们社会中的大多数人来说，主导价值观是被人喜欢、被人接受以及被人赞同，那么我们这个时代的许多焦虑就来源于这种不被喜欢、被隔绝、孤独或被抛弃的威胁。

上面所给出的大部分关于焦虑的例子都是"正常的焦虑"，也就是说，这种焦虑与危险情境的真实威胁是相称的。例如，在火灾、战争或大学的关键考试中，任何人都或多或少会感觉到一些焦虑——不感到焦虑是不现实的。随着他的发展以及面对各种不同的生活危机，每个人都会以许多不同的方式体验到正常的焦虑。他越能够面对和渡过这些"正常的焦虑"——从母亲那里断奶、离家去上学以及早晚都要为自己的职业和婚姻所作出的决定等承担责任——他就越不容易产生神经症焦虑。正常的焦虑是不可避免的；我们应该坦白地向自己承认。本书将主要关注生活在我们这个过渡时代的人们的正常的焦虑以及这种焦虑可以派上的建设性用途。

但是，当然有许多焦虑是神经症的，而我们至少应该对其加以界定。假定有一个年轻人，他是一位音乐家，第一次出去与女孩子约会，由于某些他自己都无法理解的原因，他非常害怕这个女孩，整个约会中他都相当痛苦。接下来，假设他通过立誓要将所有女孩都赶出他的生活而把自己的身心全部奉献给音乐来回避这个真实的问题。几年以后，他成了一位成功的单身音乐家，但是他却发现自己在女性面前莫名地非常压抑，一跟她们说话就脸红，害怕自己的女秘书，而且对那个在安排音乐会时间表方面他必须与其打交道的委员会女主席，他几乎害怕得要死。他找不到为什么自己如此害怕的客观原因，因为他知道这些女人不会杀了他，而且事实上也根本不能控制他。他所体验到的是神经症焦虑——也就是说，这种焦虑与真实的危险并不相称，而且这种焦虑来自于他自己内部的某种潜意识冲突。读者可能已经猜想，这位年轻的音乐家肯定与他母亲之间存在着某种严重的冲突，而现在这种冲突潜意识地遗留了下来，并使他害怕所有的女性。

大多数神经症焦虑都来源于这种潜意识的心理冲突。人们感觉受到了威胁，但好像这种威胁是幽灵似的威胁；他不知道敌人在哪里，也不知道如何与之战斗或逃避。这些潜意识冲突通常开始于某个先前的威胁情境，而该情境又是这个人无力面对的，例如，一个小孩不得不应对专横独霸的父母，或者他不得不面对父母不爱他这一事实。因此，真实的问题受到了压抑，而到后来它作为一种内在的冲突重现，并随之带来神经症焦虑。对付神经症焦虑的方法是，找出某人害怕的最初真实体验，然后穷究这种畏惧使之成为正常的焦虑或恐惧。在应对任何严重的神经症焦虑时，成熟和明智的措施是寻求专业心理治疗的帮助。

但是我们在这些章节中主要关注的是懂得如何建设性地运用正常的焦虑。而要这么做，我们需要弄清楚一个非常重要的问题，即一个人的焦虑与他的自我意识之间有什么样的关系。在经历一次战争或火灾这样可怕的体验后，人们通常会这样说，"我感觉我当时好像要晕了"。可以说，这是因为焦虑摧毁了我们自我觉知中的支柱。就像水雷一样，焦虑从下面打击我们最深的层面或"核心"，而正是在这个层面上，我们才将自己体验为人，体验为能够在客观世界中采取行动的主体。因此，不同程度的焦虑都倾向于摧毁我们对自身的意识。例如，在一次战争中，只要敌人进攻前线，那么尽管恐惧，守军中的士兵仍然会继续战斗。但是如果敌人成功地从战线后方炸毁了指挥中心，那么军队就会失去方向，全军惊慌失措地到处乱窜，他们再也不能意识到自己是一个战斗集体。士兵们于是陷入焦虑或恐慌的状态之中。这就是焦虑给人类所带来的：它使人迷失方向，暂时性地使人不知道自己是谁、自己是做什么的，并因此模糊了他关于周围现实的见解。

这种困惑——这种关于我们是谁以及我们应该做什么的混乱——是关于焦虑最为痛苦的事情。不过积极的、充满希望的一面是，就像焦虑会摧毁我们的自我意识一样，自我意识也能够摧毁焦虑。这就是说，我们的自我意识越强大，就越能够抵制和战胜焦虑。像发烧一样，焦虑也是某种内在斗争正在进行的征兆。正如发烧是身体正在调动其生理力量与细菌感染（例如肺里的结核病杆菌）作战的一种症状一样，焦虑也是心理或精神战争正在进行的证据。我们在上面已经提到，神经症焦虑是我们内部一种没有得到解决的冲突的标记，那么只要冲突存在，我们就有可能意识到冲突的原因，并且在更高的健康水平上找到一种解决方式。神经症焦虑宛如一种自然的方式，它告诉我们——我们需要解决某一问题。正常的焦虑也是这样的——对于我们来说，它是一种信号，号召我们集中起我们的储备力量，与某种威胁进行斗争。

正如我们在例子中所提到的发烧是身体力量与感染性细菌之间发生战斗的症状一样，焦虑也是我们作为一个自我的力量，与另一方威胁要消灭我们作为自我的存在这种危险之间的战争的证据。这种威胁取得的胜利越多，那么我们的自我意识就放弃得越多，就越被削减，越被包围。但是我们作为自我的力量取得的胜利越多——也就是说，我们保持对自我和周围客观世界的意识的能力越强——我们被威胁征服得就越少。对于结核病患者来说，只要他发烧，就还有希望；但到疾病的最后阶段，当身体好像"放弃了"时，发烧便会消退，而病人会很快死亡。正因为如此，唯一标志我们（作为个体以及作为一个民族）失去战胜当前困难这一希望的事情是，陷入冷淡，并且不能建设性地感受和面对我们的焦虑。

因此，我们的任务是加强自我意识，找到自我力量的中心，这些中心能使我们抵制住周围的混乱和困惑。这就是本书中所进行的探究的主要目的。但是，首先，我们要尽力看清当前的困境是怎样出现在我们面前的。

# 第二章
# 混乱的根源

战胜问题的第一步是了解问题产生的原因。我们西方世界究竟发生了什么事情,以至于个人和民族都需要与如此多的混乱和困惑作斗争?首先让我们来提出这个问题——在简要地回顾我们的历史背景之后——到底发生了哪些基本的变化以致我们这个时代成了一个焦虑和空虚的时代?

### ≫ 我们社会中价值观核心的丧失

一个重要的事实是,我们生活在历史上这样一个时刻,即一种生活方式正处于垂死的挣扎中,而另一种生活方式正在诞生。这就是说,西方社会的价值观和目标正处于过渡的状态之中。那么具体地说,我们已经失去的是哪些价值观呢?

从文艺复兴以来,现代两个重要的信念之一是,对个体竞争价值的信念。人们深信,一个人越是努力地工作以增加他自己的经济自我利益,并且变得更为富有,那么他对社会物质进步所作出的贡献就越大。几个世纪以来,这个著名的经济学自由放任理论一直行之有效。在现代工业主义和资本主义的早期和发展阶段,这个观点是正确的,即对你我来说,努力通过增加贸易或兴建一座更大的工厂而变得富有,最终都将意味着为社会生产出更多的物质商品。在其鼎盛时期,对富有竞争性的事业的追求是一种宏大且勇敢的想法。但是到了19世纪和20世纪，情况却发生了相当大的变化。在我们当今这个充斥着庞大企业和垄断资本主义的时代，有多少人能够成功地成为个体竞争者？现在，像医生、心理治疗师和一些农场主这样仍然有幸成为自己在经济上的老板的人已经寥寥无几——而甚至是他们，也像其他所有人一样，会受到价格起落以及市场波动的影响。绝大多数工人和资本家、专业人员和商人，都必须适应工会、大型企业或大学系统等庞大团体，否则的话，他们在经济上将根本无法生存。一直以来，我们都被教导要努力去超过别人，但实际上，今天一个人的成功却更多地取决于他是否能够学会很好地与同事合作。我刚刚在报纸上了解到，现在，甚至个人诈骗也难以单枪匹马地取得成功：他必须加入诈骗团伙。

我们并不是说，个人努力和创造性本身有什么不好。事实上，本书的主要论点是，每个人的独特能力和创造力必须重新得到发现，并用作其工作的基础，为社会的利益作出贡献，而不是使之消融在顺从的集体主义熔炉中。

不过，我们确实认为，在20世纪，当社会和其他方面的进展已经使得我们在国家以及世界范围内更加密切地相互依赖时，个人主义必须成为一种不同于"人人为自己，落后下地狱"的东西。如果你我在两个世纪以前拥有一个从边远森林地区开发出来的农场，或者在上个世纪拥有一小笔资金用来开始一桩新的生意，那么"人人为自己"的哲学将会给我们带来最大的好处，而且也会给社会带来最大的好处。但是在甚至公司雇员的妻子都要受到审查以使其符合"模式"的今天，这种竞争性的个人主义能发挥什么样的作用呢？

总之，这种个人为了自己的利益但没有给予社会福利同样重视的努力，已经不再能够自动地为社会带来好处。而且，这种个体竞争——其中，你在一次交易中的失败对我来说是一件好事，因为它使

第二章 | 混乱的根源

我在沿着梯子往上爬的过程中向前进了一步——已经引发了许多心理问题。它使得每一个人都成为其邻居的潜在敌人，引发了许多人与人之间的敌意和怨恨，并且极大地增加了我们的焦虑以及人与人之间的疏离感。随着这种敌意在最近几十年越来越趋于表面化，我们便尽力通过各种方式去掩饰它——通过使自己成为各种服务性组织（从扶轮社到 20 世纪二三十年代的乐观主义者俱乐部）的"参加者"，通过成为所有人都喜欢的好好先生，等等。但是这些冲突早晚都要爆发出来。

这种观点在阿瑟·米勒（Arthur Miller）的著作《推销员之死》中的主要人物威利·洛曼身上，得到了绝妙的、悲剧性的体现。威利所受的教导以及他继而教给儿子的是，超过他人、变得富有是其目标，而这需要创造力。当孩子们开始偷球和一些无用的杂物时，威利虽然口头上说得好听，说要训斥他们，但心里却很高兴他们是"天不怕地不怕的人"，并且说，"教练员将可能会祝贺他们的创造性"。他的朋友提醒他说，监狱里都是"天不怕地不怕的人"，但威利却反驳说，"证券交易所里也都是天不怕地不怕的人"。

像二三十年前的大多数人一样，威利也试图通过被"大家喜欢"来掩盖自己的竞争性。当由于公司政策改变而将他当做老朽"扔进垃圾箱"时，威利陷入了极大的困惑，并不断地自言自语，"可我是最受人喜欢的"。他在价值观冲突方面的混乱——为什么他所受的教导现在却不起作用了？——逐渐增加，直到在他的自杀中达到顶峰。在他的坟墓前，他的一个儿子仍然坚持，"他有一个美梦，希望出人头地"。但是另一个儿子却准确地看到了这样一种价值观剧变所导致的矛盾，"他从来都不知道他是谁"①。

我们现代的第二个重要信念是相信个人的理性。就像我们刚刚讨

---

① *Death of a Saleman*, by Arthur Miller, New York, Viking Press, 1949.

论过的对个体竞争价值的信念一样,这种信念也是在文艺复兴时期被引进的,它在17世纪启蒙运动对哲学的探究中取得了丰硕的成果,它还是科学进步和普及教育的运动的一个极好的凭证。在我们这个时代的最初几个世纪,个人理性也指"普遍理性";要发现所有人都可以据此幸福地生活的普遍原则,对每一个明智的人来说都是一个挑战。

然而到了19世纪,又有一个变化非常明显。从心理学上看,理性开始与"情绪"和"意志"分离开来。这种人格的分裂,在笛卡儿著名的心—身两分法中就已经开始酝酿——这种两分法将在全书中一直追随着我们的足迹——但是这种两分法的充分后果直到上个世纪才显现。对于生活在19世纪后期和20世纪早期的人来说,理性被认为是能够回答任何问题的,并且通过意志力付诸实施,而情绪——它们经常会起阻碍的作用,因而最好将其压抑。这样一看,我们就能发现被用来划分人格的理性(现在已经转化为唯理智主义的理性化倾向),以及由此而产生的压抑和弗洛伊德充分描述过的本能、自我、超我之间的冲突。当斯宾诺莎在17世纪使用理性一词时,他指的是一种生活的态度,在这种态度中,心理将情绪与伦理目标以及"完整之人"的其他方面统一了起来。而今天的人使用这个术语时,他们所指的几乎一直都是一种人格的分裂。他们经常以这种或那种形式询问:"我应该遵循理性,屈服于感官的激情和需要,还是应该忠实于我的伦理责任?"

我们所讨论的对个体竞争以及理性的信念,虽然事实上一直指导着现代西方的发展,但它们却不一定是理想的价值观。诚然,被大多数人接受为理想价值观的是与伦理人道主义相关联的希伯来—基督教传统的价值观,它包括爱你的邻居、服务于社会等箴言。总的来说,这些理想的价值观在学校和教堂中与对竞争和个人理性的强调被同时灌输给我们(在"服务俱乐部"和对被"大家喜欢"的高度强调中,我们可以看到以间接方式出现的"服务"和"爱"这些价值观被打了折扣的影响)。事实上,这两套价值观——一套可以回溯到许多个世纪前,一直到古巴勒斯坦和希腊时期我们伦理和宗教传统的根源,而另一套则诞生于文艺复兴时期——在相当大的程度上是互相交织在一起的。例如,新教作为开始于文艺复兴时期的文化革命的宗教方面,通过强调每个人都有为自己找到宗教真理的权利和能力,表达了这种新的个人主义。

这种结合很值得探讨,几个世纪以来,结合双方之间的争端很好地得到了解决。因为人类兄弟般关系的理想过去在相当大的程度上受到了经济竞争的促进——巨大的科学成果、新兴的工厂以及工业之轮向前的飞速运转,都极大地增加了人们的物质财富、增进了人们的身体健康,而且现在,我们的工厂和科学在历史上第一次能够生产出如此众多的财富,以致从地球上抹去饥饿和物质的匮乏成为可能。人们完全可以认为,科学和竞争性工业正在使得人类越来越接近于"四海之内皆兄弟"的伦理理想。

但是在最近几十年,这一点已变得非常明显,即这种结合充满了冲突,并且正趋向于严重的彻底调整或分离。因为现在对一个人要超过他人的强调,即强调在学校是否获得更高的分数,在主日学校一个人的名字后面是否得到了更多的星星,或者通过经济上的成功来证明获得了灵魂的拯救,极大地阻碍了一个人爱自己的邻居的可能性。而且正如我们在后面将要看到的,它甚至会阻碍同一个家庭之中的兄弟姐妹、妻子与丈夫之间的彼此相爱。而且,既然我们的世界现在通过科学和工业的发展确实已经成了"一个统一的世界",那么我们所固有的对个体竞争的强调,就像过去每个人都是用自己的小马快递信件一样已经过时了。最后爆发出来表明我们社会中这一潜在矛盾的是法西斯极权主义,在这种法西斯极权主义中,人道主义和希伯来-基督教价值观,尤其是个人的价值观,在野蛮状态的高涨中遭到了轻视。

一些读者可能在想，上面提出的许多问题都提错了——为什么经济上的奋斗必然使人反对自己的同伴？为什么理性会与情感相对立？的确如此，但是在一个像现在这样的变化的时代，其特征恰恰就在于每个人都会提错误的问题。以前的目标、准则和原则都仍然在我们的内心和"习惯"中，但它们是不合时宜的，因此大多数人常常会因为提出了永远都不能得到正确答案的问题而感到受挫。或者他们会迷失在种种答案相互矛盾这种混乱之中——当一个人去上课时所使用的是"理性"，去看自己的爱人时所使用的是"情感"，准备考试时所使用的是"意志力"，而在葬礼上和复活节所使用的则是宗教责任。这种价值观和目标的划分很快就会导致人格统一体的破坏，而一个人的里里外外都成了"碎片"，不知道该何去何从。

一些生活在19世纪末20世纪初的伟人看到了当时正在发生的人格分裂。亨利克·易卜生（Henrik Ibsen）在文学中，保罗·塞尚（Paul Cézanne）在艺术中，西格蒙德·弗洛伊德（Sigmund Freud）在关于人性的科学中，都意识到了正在发生的事情。他们每一个人都宣称，我们必须为自己的生活找到一个新的统一体。易卜生在他的戏剧《玩偶之家》中表明，如果做丈夫的仅仅只是外出经商，像19世纪的优秀银行家一样将自己的工作与家庭截然分离，把自己的妻子视为玩偶，那么这个家庭将会瓦解。塞尚抨击了19世纪矫揉造作的感伤艺术，他提出，艺术涉及的必须是真实的生活现实，而且相对于漂亮而言，美与完整关联更多。弗洛伊德指出，如果人们压抑自己的情感，并试图表现得好像性欲和愤怒根本就不存在，那他们最终会患上神经症。而且他还建构了一种新的技术，用来发掘人们各种更深层的、潜意识的、"非理性的"层面，并因此帮助人们成为一个思维—情感—意志统一体。

易卜生、塞尚和弗洛伊德的研究意义非常重大，以至于我们有许多人在过去一直认为，他们是我们这个时代的预言家。是的，他们每一个人的贡献都可能是他们各自领域中最重要的。但是从某一方面来讲，难道他们不是旧时代最后的伟人，而是新时代最初的伟人吗？因为他们预先假定了过去三个世纪的价值观和目标，尽管他们的新技术是重要而且持久的，但他们所凭借的却是他们那个时代的目标。他们生活在空虚的时代之前。

不幸的是，现在看来，20世纪中期真正的预言家似乎是索伦·克尔凯郭尔（Soren Kierkegaard）、弗里德里希·尼采（Friedrich Nietzsche）和弗朗茨·卡夫卡（Franz Kafka）。我说"不幸"，是因为这意味着我们的任务要困难得多。他们每一个人都预见了我们这个时代将会发生的价值观的毁灭，还看到了20世纪将要吞没我们的孤独、空虚和焦虑。他们每个人还都看到，我们不可能再依靠过去的目标。在本书中，我们将频繁地引述这三个人的话，这不是因为他们在本质上是历史上最有智慧的人，而是因为他们每一个人都以巨大的能力和洞察力，预见现在几乎所有久经世故之人都必须面对的特定困境。

例如，弗里德里希·尼采宣称，19世纪的科学正在变成一座工厂，而且他担心，如果没有伦理学和自我理解方面相应的发展，人类在技术上的巨大进步将会导致虚无主义。在对20世纪将要发生的事情作出预言性警告后，他写下了一个关于"上帝之死"的寓言。这是关于一个疯子的经常让人们想起的故事，这个疯子跑进村庄中的广场，大喊："上帝在哪里？"周围的人并不相信上帝的存在；他们嘲笑他说，上帝可能去旅行或移民了。于是疯子大喊："上帝何在？"

"我要告诉你们！我们已经杀死了他——你和我！……但是我们是怎样做到的呢？……是谁给了我们海绵把整个地平线抹掉了？当我们将地球从太阳那里释放时，我们做了什么？……现在我们该去向哪里？远离所有的太阳吗？我们岂不是要不停地坠落？向后、向左、向右、向前，还是各个方向？不过还有向上与向下之分吗？当我们穿越无限的虚空时难道不会迷路吗？我们感觉不到空旷宇宙的气息吗？它没有变得越来越冷吗？难道越来越深的黑夜不是一直向我们袭来吗？……上帝死了！上帝还是死了！……我们已经杀死了他！……"此时，疯子沉默了下来，他再次看了看周围的听众：他们也保持着沉默，看着他……"我来得太早了"，于是他说……"这一巨大的变故尚未出现在他们身边。"①

尼采并不是要号召人们回到对上帝的传统信念，但是他向人们指出了当一个社会失去其价值观核心时将要发生的事情。他的预言在20世纪中期的大屠杀浪潮、集体屠杀和专制暴政中得到了应验。这一巨大变故已经发生了；当我们时代的人道主义和希伯来－基督教价值观遭到如此践踏时，野蛮状态的可怕黑夜真的降临到了我们身上。

尼采说，出路在于重新找到一个价值观的核心——他称之为所有价值观的"重新评价"或"重新评估"。他宣称，"对所有价值观的重新评价，是我为人类最终的自我反省行为所提供的处方"②。

问题的关键在于，那些在先前几个世纪为我们提供了一个统一中心的价值观和目标，现在已经不再具有说服力。我们至今还没有找到新的价值观核心，以使我们能够建设性地选择我们的目标，并因此战胜这种不知道该何去何从的令人痛苦的困惑和焦虑。

### ▶ 自我感的丧失

导致我们这个时代出现混乱的另一个根源是我们丧失了人的价值感和尊严感。当尼采指出个体正在被群体所淹没，而且我们是靠"奴隶道德"来生活时，他预知到了这一点。马克思也预言到了这一点，他宣称，现代人正在被"非人化"，而卡夫卡在他令人惊异的故事中

---

① *Nietzsche*，by W. Kaufmann，Princeton Univ. Press，1950.
② 同上书，89页。

表明，人们可以怎样毫不夸张地失去他们作为人的同一性。

但是这种自我感的丧失并不是一下子就发生的。我们中那些曾生活在 20 世纪 20 年代的人可以回想一下那种日渐增长的根据表面化和简单化的术语来考虑自我的倾向的证据。在那些日子里，"自我表现"被认为仅仅是一个人脑子里突然出现的所有想法，就好像自我等同于任意的冲动，好像一个人的决定是根据突然的念头而作出的，这种念头既可以是午饭吃得太快而消化不良的产物，也可以是一个人的生活哲学的产物。于是"成为你自己"就成了你纵容自己降低到某一倾向最低的常见标准的借口。"认识自我"并没有被看做是非常困难的事情，而人格问题被看做可以通过更好地"适应"而相对容易地得到解决的问题。这些观点被过分简单化的心理学又推进了一步，如约翰·B·华生（John B. Watson）的行为主义。那时，我们祝贺自己，通过使用与被条件作用狗的每次一听到吃饭铃声响就分泌唾液所使用的方法没有什么本质区别的技术，儿童也可以被条件作用进而解决关于恐惧、迷信以及其他方面的问题。这些关于人类情境的肤浅观点又由于对必然发生的经济进步的信念而被推得更远——我们所有人都不需要太多的奋斗或吃太多的苦就会变得越来越富有。而这种观点在 20 世纪 20 年代盛行的宗教道德主义中得到了最后的认可，这种宗教道德主义的发展从来都没有超过主日学的阶段，而且它带有更多的库埃主义① （Couéism）和波莉安娜主义② （Pollyannaism）的味道，而不是历史上伦理和宗教领导的意义深远的见解。实际上，那些岁月里拿笔写作的人都具有关于人类同样过分简单化的观点：贝特兰·罗素

---

① 埃米尔·库埃（Émile Coué，1857—1926）是法国心理学家和药剂师，他的杰出贡献是成功地运用潜意识进行自我心理暗示，这种方法现在被普遍用于心理治疗，称为库埃主义或库埃方法。——译者注

② 波莉安娜·惠蒂尔（Pollyanna whittier）是一本 20 世纪初畅销儿童小说《波莉安娜》（*Pollyanna Grows up*）里的主人公。她面对挑战、困难、不怎么正派的人和事，总是能够找出积极的一面。波莉安娜主义是指一种面对任何环境、别人的任何态度都能保持一种积极愉快心态的精神。

（我认为，他现在将会采取一种完全不同的观点）在20世纪20年代写道，科学非常迅速地向前发展着，以至于人们很快就可以仅仅通过往身体里注射化学物质就获得他所想要的任何气质，无论是暴躁的还是羞怯的，无论是性欲旺盛的还是性欲较弱的。这种按钮式的心理学符合阿尔都斯·赫胥黎（Aldous Huxley）在其《勇敢的新世界》（*Brave New World*）中所作的讽刺。

尽管20世纪20年代似乎是一个人们对人的力量怀有巨大信心的时代，但事实上却相反：他们对技术和新发明充满信心，而不是对人类充满信心。这种关于自我的过分简单机械的观点的确预示了一种潜在的对人的尊严、复杂性和自由的信念的缺乏。

自20世纪20年代起的20年中，这种对人的力量和尊严的怀疑变得越来越公开地被人们所接受，因为似乎有许多具体的"证据"表明，个人的自我是不重要的，而且个人的选择也是无关紧要的。在面对极权主义运动和像大萧条这样无法控制的经济大变动时，我们倾向于感觉到人越来越渺小。个人的自我相形见绌，被放到了一个毫无影响的位置，就像谚语中所说的被海浪推来推去的沙粒一样：

> 我们向前进
> 随着轮子的意志；一场革命
> 记录了所有的事情，起起落落
> 在获得与付出中。①

因此，现在大多数人能够为他们的信念，即作为自我，他们是不重要的、无能为力的，找到很好的外在的"理由"。因为——他们问得好，在面对这个时代巨大的经济、政治和社会运动时人们怎么能够有所作为？宗教与科学中的权威主义，正变得越来越被人们所接受，更不要说政治方面的权威主义了，其原因并非是如此众多的人明确地

---

① *The Age of Anxiety*, W. H. Auden, p. 45, New York, Random House.

相信它，而是因为他们感到自己作为个人是无能为力和焦虑的。因此，照此推论，除了追随大众的政治领导（就像在欧洲所发生的一样），或者像这个国家现在的倾向一样追随习惯权威、公众舆论和社会期望以外，人们还能做什么呢？

显然，在这样一种"推论"中有一个事实被遗忘了，即个人价值信念的丧失是造成这些公众社会和政治运动的部分原因。或者更确切地说，正如我们已经指出的那样，自我的丧失和集体主义运动的崛起，是我们社会中同一个潜在历史变化的结果。因此，我们需要在两翼同时作战——在一翼反对极权主义及其他使个人非人化的倾向，而在另一翼恢复我们对人的价值和尊严的体验和信念。

当代法国作家阿尔贝特·加缪（Albert Camus）在其短篇小说《局外人》（*The Stranger*）中，对我们社会中自我感的丧失作了令人惊异的描绘。这是关于一个在各个方面都没有什么特别之处的法国人的故事——事实上，我们可以恰当地称其为一个"普通的"现代人。他经历了母亲的去世，每天都去上班并处理生活中的琐事，他有私通事件和性经历，但他自己对所有这一切都没有明确的决定或意识。后来，他开枪打死了一个人，但甚至在他自己的心里也搞不清楚他开枪是出于意外，还是出于自卫。他经历了一次谋杀审判，并被判以死刑，而他对所有这一切都具有可怕的不真实感，尽管所有事情都已经发生在了他身上：他自己从未做过什么。全书弥漫着一种模糊不清和朦胧的感觉，这是令人感到受挫和震惊的，就像卡夫卡故事中那种相似的犹豫不决的朦胧一样。所有的事情似乎都是在梦中发生的，而这个人从来没有真正地与这个世界或他所做的一切事情以及他自己联系起来。他是一个没有勇气也不绝望的人，不管外界发生了什么悲剧性的事件，因为他根本没有对自我的意识。最后在等待行刑时，他差不多获得了一丝的了解，就像乔治·赫伯特（George Herbert）的话中所表达的那样，

>　　一艘破漏的、颠簸的船，在冲撞着
>
>　　每一样东西……
>
>　　天啊，我指的是我自己。

差不多，但并不完全；甚至为了突围也没有足够的对自我的意识。这部小说是常萦绕于我们心头的对现代人的可怕的刻画，而这些现代人确实是他自己的一个"局外人"。

　　在当代社会，我们周围存在着许多关于自我力量感丧失的不太引人注意的例证，而且实际上，它们非常寻常，以至于我们通常将它们视为理所当然。例如，现在在广播节目的结尾都会习惯性地出现一句让人难以理解的话，"感谢收听"。当你仔细去想的时候，你就会发现这句话非常奇怪。为什么那个正在为别人提供乐趣、提供显然有价值的东西的人，却要感谢收听者收听呢？感谢别人的喝彩是一回事，但是感谢收听者屈尊收听并得到快乐就完全是另外一回事了。它表明，这一行动有无价值是由消费者，即收听者一时的兴致所决定的——在我们的例证中，消费者成了他们的上帝，即公众。想象一下，克莱斯勒（Kreisler）在演奏完协奏曲之后是怎样感谢听众的！与广播播音员的话所表明的含义有得一比的是宫廷小丑，他们不仅要表演，而且还要祈求屈尊观赏的君主们得到娱乐——显然，宫廷小丑处在了与人类可能所处的一样屈辱的位置上。

　　显然，我们不是在批评广播播音员本身。这种致谢语仅仅是说明了贯穿于我们社会的一种态度：有许许多多的人都不是根据行动本身，而是根据该行动被接受的程度来判断其行动的价值的。这就好像是一个人总是不得不推迟作出他自己的判断，直到他看到观众的反应。那个被动的、对其或为其作出该行动的人，而不是正在作出该行动的人，有力量使得这一行动变得有效或者无效。因此，我们倾向于成为生活中的表演者，而不是作为自我来生活和作出行动的人。

　　从性的方面来举例说明，就好像是一个男人抱着恳求女人"高兴于得到满足"的态度来进行性交——尽管往往是潜意识的，但这是一种在我们社会中比通常所认识到的更为广泛的男人中确实存在的态度。而且，为了论证这种态度在人际关系中如何产生事与愿违的恶果，我们可以补充一下，如果这个男人主要关注于满足女人，那么他就不能全身心积极地投入到这种关系中，而在许多情况下，这恰好就是女性不能得到充分满足的原因。无论这位"面首"的技巧多么高明，女人将在这其中选择什么来代替激情的现实呢？面首和宫廷小丑式态度的本质是，力量和价值不是与行动，而是与被动互相关联的。

另一个说明我们这个时代自我感已经崩溃的例子，可以在我们分析幽默和笑中发现。人们通常并未认识到，一个人的幽默感与他的自我感是紧密联系在一起的。正常情况下，幽默应该具有保存自我感的功能。它是一种独特的人类能力的表现形式，即只有人类才能将自己体验为没有被客观情境所吞没的主体。这是一种感觉到个人的自我与问题之间存在"距离"的健康方式，是一种置身于问题之外并从某种视角去考虑问题的方式。当一个人处于焦虑的恐慌之中时，他是笑不出来的，因为此时他已经被吞没了，他已经失去了作为主体的自我与周围客观世界之间的差异。而且，只要一个人还能笑，他就没有完全被焦虑或恐惧所控制——因此，民间有一个被广泛接受的信念，即在危险的时刻能够笑是一种勇敢的标志。在边缘性精神病的案例中，只要那个人还有真正的幽默——也就是说，只要他还能笑，或者还能够用思想来看待自己，就像有一个人所说的那样，"我已经变得多么疯狂啊！"——那他就保存了他作为一个自我的同一性。当我们当中的任何一个人（不管是不是神经症患者），深入洞察自己的心理问题时，正常情况下的自然反应应该是带着一丝微笑——正如通常所称的，顿悟的"啊哈"。幽默之所以产生，是因为个人对作用于客观世界的作为一个主体的自我有了一种新的理解。

在看到幽默在正常情况下为人类所提供的功能后，现在我们提出疑问，我们社会中盛行的关于幽默和笑的态度是什么？最引人注目的事实是，笑已经成了一种商品。就像用计算机或某种计量机器统计出来的一样，我们谈论着"一笑"，或者有人评论某个电影或广播节目"笑了多少多少次"，好像笑是一种类似于一打橘子或一蒲式耳苹果这样的数量。

固然，确实还存在一些例外——例如，E. B. 怀特（E. B. White）的著作表明，幽默能够深化读者作为一个人的价值感和尊严感，并且当他面对眼前的问题时，幽默可以除去遮住他眼睛的东西。但是总的来说，今天，幽默和笑指的是以数量形式出现的"笑"，这种笑是通过邮购式、按钮式的技术制造出来的，我们可以说，它就像电台那些插科打诨的作者所制造出来的东西一样。确实，"插科打诨"是一个很合适的词：在索尔斯坦·维布伦（Thorstein Veblen）的生动措辞中，"笑"充当了一种"笑气"，就像现实中的笑气一样，用来麻痹人的敏感性和意识。于是，笑成了一种鸵鸟式地逃避焦虑与空虚的手段，而不是一种在面对个人的困惑时所获得新的、更为勇敢的视角的方式。这种通常以声音沙哑的狂笑表现出来的笑，可能具有单纯的缓解紧张的功能，就像酒精或性刺激一样；但是，也正像为了逃避现实的原因而进行性行为或酗酒一样，这种笑在事后留给人们的还是跟以前一样处于孤独的、与自己没有任何关联的境地之中。当然，有一些笑是属于报复性类型的。这是一种胜利的笑，其指示性标志是，它与微笑没有任何关系。因此，有人可能会愤怒或狂怒地笑。在我看来，这种笑似乎通常就是人们在希特勒的照片中从他脸上所看到的那种怪相，他的这种怪相被人们认为是在"微笑"。报复性的笑通常是伴随着将自己的自我看做是战胜了其他人的自我而产生的，而不是将其看做是在获得自己自我的过程中又迈出了新的一步的标志。报复性的笑，还有属于"笑气"种类的数量型的笑，反映了这样一种人的幽默，这种人在很大程度上已经失去了人的尊严感和意义感。

事实上，这种自我之意义感和价值感的丧失，将是妨碍一些读者理解贯穿本书的讨论的主要绊脚石之一。许多人，无论是老于世故还是不懂世故的，都已经不再相信重新发现自我感这一问题是至关重要的。他们仍然认为，"成为自己"仅仅指的是20世纪20年代所说的"自我表现"的含义，于是他们可能会问（根据他们的假设，具有一定的正当性），"难道成为自己不是既不道德又令人厌烦的事情吗？""在演奏肖邦的曲子时，我们必须要表现出自己的自我吗？"这些问题本身就证明，成为自己的深刻意义在很大的程度上已经失去了。因此，今天有许多人发现，要认识到苏格拉底用他的箴言"认识你自己"来强烈要求个体进行最困难的挑战，几乎是不可能的。同样，他们也发现，要理解克尔凯郭尔宣称的这句话"冒险在最高的意义上恰恰是意识到个人的自我……"的含义，也几乎是不可能的。

## 》我们用于个人交流的语言的丧失

与自我感一同丧失的，还有我们用于深刻地互相交流个人意思的语言。这是现在西方世界的人们所体验到的孤独感的一个重要方面。以"爱"一词为例，它显然应该是在传达个人情感方面最为重要的一个词。当你使用这个词时，那个你正与之谈话的人可能会认为你指的是好莱坞式的爱，或者是"我爱我的宝贝，我的宝贝也爱我"等流行歌曲中那种感伤的情感，或者是宗教中的博爱，或者是友谊，或者是性冲动，或者是诸如此类的东西。同样的情形也适用于非技术性领域中几乎所有其他重要的词——"真理"、"正直"、"勇气"、"精神"、"自由"，甚至是"自我"这个词。大多数人对这些词都有自己的定义，而这与他们邻居的定义可能完全不同，因此，一些人甚至试图避免使用这些词。

正如埃里希·弗洛姆所指出的，我们有非常丰富的关于技术性主题的词汇；几乎每一个人都能清楚明确地说出汽车发动机各个部件的名称。但是一涉及有意义的人际关系，我们的语言便丧失了：我们结结巴巴地说话，而且实际上，我们就像只能用手势语进行交流的聋哑人一样被隔离了。正如艾略特在他的《空洞的人》中所描述的，

> 当我们一起低语时
> 我们干涩的嗓音
> 是平静的、没有意义的
> 就像风吹过干草
> 或者在我们干燥的地窖里
> 老鼠的脚踩过破碎的玻璃①

指出这一点可能显得有些奇怪，即语言效力的丧失，是一个混乱历史时期的一种症状。当你探究各个历史时期的起起落落时，你将会发现，在某些时代，语言是非常有力可信的，如在埃斯库罗斯（Aeschylus）和索福克勒斯（Sophocles）用来写下他们那些经典著作的公元前5世纪的希腊语言，或者如莎士比亚所处的伊丽莎白时代的英语以及詹姆士国王那个时代对《圣经》的翻译。而在其他时期，语言是无力、含糊、不可信的，例如在希腊时期希腊文化被瓦解和分化的时代。我认为，这可以通过研究来证明——显然不可能在这里进行探究——当一种文化正处于朝统一方向发展的历史阶段时，其语言会反映出这种统一性和力量；而当一种文化处于变化、分裂和瓦解的过程中时，它的语言同样也会失去其力量。

歌德曾说，"当我18岁时，德国也是18岁"，这不仅是指这一事实，即他那个民族的各种理想正走向统一和强大，而且指其语言（作为一个作家，语言乃是他力量的载体）也正处于这个阶段。今天，关于语义学的研究确实具有相当大的价值，而且也应该受到称赞。但是，

---

① "The Hollow Men", in Collected Poems, New York, Harcourt, Brace and Co., 1934, p. 101.

让人烦扰的问题是，为什么我们必须谈论这么多关于词的意思，以至于我们一旦学会了彼此的语言，却没有时间或精力来进行交流。

除了词语以外，还有其他用于个人交流的形式：例如，艺术和音乐。绘画和音乐是社会中那些敏感的发言人的声音，这些声音向同一社会中的其他人以及其他社会与其他历史时期的人传达其深邃的个人意义。又一次，我们在现代艺术和现代音乐中所发现的是这种不传达任何东西的语言。如果大多数人，甚至是有才智的人，看着现代艺术却不知道其深奥关键所在，那么实际上，他们什么都不能理解。他们受到每一种风格的欢迎——从印象主义、表现主义、立体主义、抽象主义、表象主义、非写实的绘画，一直到蒙德里安（Mondrian）仅仅用正方形和长方形来传达他的信息，杰克逊·波洛克（Jackson Pollock）以一种反证归谬法，以几乎是任意的形式在大木板上泼溅出图画，并仅仅根据作品完成的日期来给作品命名。当然，我没有任何批评这些艺术家的意思，这两位艺术家碰巧都是我所喜欢的。但是，这些有天赋的艺术家也只能用如此有限的语言来传达，这种情形不正表明了某种关于我们社会的意义重大的东西吗？

如果你参观纽约的艺术学生联盟——这个联盟或许拥有最多的美国杰出艺术家担任教师，并拥有最具代表性的学生群体——你将会很吃惊地发现，实际上每个画室上课的绘画风格都迥然不同，而你每走20步就不得不转换一下情绪状态。在文艺复兴时期，一个普通人就能欣赏拉斐尔（Raphael）、利昂纳多·达·芬奇（Leonardo da Vinci）和米开朗琪罗（Michelangelo）的作品，并感受到，这些画是在告诉他某种他能够理解的关于一般生活、尤其是他自己的内心生活的东西。但是今天，如果一个没有受过教育的人走进纽约市第五十七大街的美术馆，看到如毕加索（Picasso）、达利（Dali）或马林（Marin）的展览作品，他可能会非常赞同，这些作品传达了某种非常重要东西，但是他会非常肯定地断言，只有上帝和艺术家自己才知道这种东西到底是什么。从他自己这方面来说，他可能会感到困惑，还可能有些愤怒。

尼采曾说，一个人是通过他的"风格"而被认识的，也就是说，通过这种独特的"模式"而被认识的，这种模式给他的活动以潜在的统一性和区别性。同样的情形也部分地适用于一种文化。但是，当问及什么是我们这个时代的"风格"时，我们发现根本就没有风格可以被称为现代风格。艺术中，这些从塞尚和凡·高（Van Gogh）的伟大作品开始的许多不同的现代运动，有一个共同之处，即他们都努力地试图突破19世纪艺术的虚伪和感伤。不管是有意识地还是潜意识地，他们都寻求从自我对世界的某种体验中所获得的可靠的现实出发，用绘画来说话。但是除了这种对诚实的努力追求（这与弗洛伊德和易卜生在各自的领域中所作的努力非常相似）外，剩下的只有众多风格的大杂烩。考虑到这一事实的所有必然限制，即时间尚未像对文艺复兴时期那样对现代作出筛选，但我们仍然可以说，这种大杂烩是一幅描述我们这个时代这种不统一的富有启迪意义的画面。像现代艺术中的许多画面一样，这种画面是不和谐的、空虚的，因此是对我们这个时代之状况的真实描述。

似乎每一个真正的艺术家都在为了看哪一种语言能够向自己的同伴传达具有丰富形式和色彩的音乐，而发狂地尝试各种不同的语言，但是却一直没有共同的语言。我们发现，像毕加索这样的巨人在他一生中也不停地转变风格，这一方面反映了西方社会过去40年变化的特征，另一方面还反映了这种现象，即就像一个在海上收听船上那台收音机时调台的人，他徒劳地试图找到那个他可以与他的同伴通话的波长。但是，艺术家以及我们其他人，在精神上一直是孤立的，茫然不知所措，因此，我们通过喋喋不休地与他人谈论我们确实有语言来谈论的事情来掩饰我们的孤独感——如世界职业棒球大赛、商业事务、最新的新闻报道等。我们更深一层的情绪体验就被推得更远，因此我们趋向于变得更加空虚，更加孤独。

## ❯❯ "我们在自然中所看到的几乎没有什么是我们的"

那些已经失去他们作为自我同一性感的人，还倾向于会失去他们与自然的关联感。他们不仅会失去与无生命的自然，如树、山等有机联系的体验，而且还会失去他们向有生命的自然（即动物）进行共情的能力。在心理治疗中，那些感到空虚的人通常能够充分地意识到对自然作出充满活力的反应应该是什么样的，所以他们可能知道自己失去的是什么。他们可能会非常遗憾地说，尽管别人会因为看到落日而感动，但他们自己对此却相对冷漠；而且其他人可能会认为大海是庄严的、令人敬畏的，但他们自己站在海边的岩石上，却一点感觉也没有。

我们与自然的关系不仅由于我们的空虚，而且还由于我们的焦虑而倾向于遭到破坏。一个小女孩在听完关于如何保护自己免受原子弹伤害的报告后，回家问她的父母，"妈妈，我们不能搬到一个没有天空的地方去住吗"？幸好这个小孩可怕但却富有启迪意义的问题更多的是一个讽喻，而不是一种例证，但它却很好地说明了焦虑是如何使我们从自然中退缩的。现代人是如此的害怕他们自己制造出来的原子弹，他们必须逃离天空，躲进洞穴中——他们必须逃离在传统上象征广袤、想象和释放的天空。

在一个更接近日常生活的层面上，我们的观点是，当一个人感觉到自己内心空虚时（这是许多现代人都有的感觉），他体验到的周围世界也是空虚的、干涸的、死气沉沉的。这两种空虚体验是同一种贫瘠的生活关系状态的两个侧面。

如果我们回顾一下与自然的联系感在现代是如何昌盛，尔后又是怎样枯萎的，那我们就能更清楚地了解，失去个人对自然的感觉将意味着什么。欧洲文艺复兴的一个主要特征是，对所有形式的自然都热情高涨——无论是动物的形式、树的形式，还是星星、天空的颜色这些无生命的形式。我们可以从文艺复兴早期乔托（Giotto）的绘画中，看到这种新的感觉完美地出现在生活中。在看完中世纪艺术中关于自然的风格化且呆板的形式后，如果你突然看到乔托的壁画，你将会为这些最为娇媚的绵羊、可爱的狗和迷人的驴感到震惊，所有这些都呈现了人类体验中充满活力的部分。而且，与中世纪的艺术家相比，你将会同样惊奇地发现，乔托以自然的形式画出了岩石和树，它们因其自身的美而受到喜爱，而不仅仅是因为它们所具有的象征性宗教信息；而且，同样地，与中世纪的艺术相比，乔托表现了那些将快乐、悲伤、满足体验为个人情感的人们。他的画比文字更为有力地告诉我们，当一个人能够将自己体验为一个本体，能够主动地感受到他与作为个体的生活的关系，那他也能体验到一种充满活力的与动物和自然的关系。

对自然的这种新鉴赏还表现在文艺复兴时期对人的身体的热情中。我们可以在许多艺术形式中看到这一点：在薄伽丘（Boccaccio）小说的耽于声色中，在米开朗琪罗画作里的英勇有力而又和谐的人体中，在莎士比亚戏剧将躯体视为生命多方面有机联系之一部分的情感中。而且，它还表现在对自然进行科学研究的新热情中。因此，文艺复兴时期这些强大的个体——那些"万能的人"的一个方面是，他们对自然的强烈感情。

但是，到了 19 世纪，这种对自然的兴趣就变得越来越技术性了；此时人们关注的主要是如何掌握和操纵自然。用保罗·蒂利希华丽的辞藻来说，世界已经变得"解魅了"。固然，这种解魅的过程最初开始于 17 世纪，当时笛卡儿教导人们说，身体与心理应该要分开，物理自然的客观世界和身体（这是可以测量和衡量的）与人心理的主观世界和"内心"体验是完全不同的。这种两分法的现实结果是，主观的"内心"体验——两分法中的"心理"一面——倾向于被束之高阁，而现代人却全力追求体验机械的、可测量的方面，并取得了很大的成功。因此，到了19世纪，自然就像在科学中一样已经在很大程度上变成了非个人的了，或者成了一个为了赚钱这一目的而加以计算的物体，就像地理学家为了商业的目的而绘制海洋图一样。

显然，当我们指出，对那些可以计算和操纵的物体的过分强调是与工业主义和资本主义商业的发展联系在一起的时候，我们并没有任何批评机器和技术发展本身的意思。我们仅仅是想指出这一事实，即在这个发展过程中，自然与个体主观的情感生活分离了。

在临近19世纪的开端时，威廉·华兹华斯（William Wordsworth），还有其他的学者，清楚地看到了这种对自然的感觉的丧失，而且他还看到，对商业主义的过分强调是其产生的部分原因，而空虚将是其结果。他在为人所熟知的十四行诗中描述了当时正在发生的事情：

> 这个世界靠我们太近了；后来很快，
> 得到又失去了，我们毁损了我们的力量：
> 我们在自然中所看到的几乎没有什么是我们的；
> 我们已经掏出了我们的心，一次下贱的请求！
> 这片向月亮袒露了她胸怀的海洋，
> 这将会昼夜不停地咆哮的风，
> 以及此刻正聚集一起像在沉睡的花，
> 对于这些，对于所有的一切，我们的感觉已经不再；
> 它不能感动我们——伟大的上帝！我宁愿
> 成为一个沉溺于陈腐信条中的异教徒；
> 这样我或许能够，站在这片怡人的草地上，
> 环顾四周而不会使我感觉孤独凄凉；
> 去看普洛透斯从海洋中升起；
> 或者去听老特里同吹响他缭绕的号角。

人的自我寻求

华兹华斯神往像普洛透斯①（Proteus）、特里同这样的神话人物，这不是出于诗歌的偶然。这些人物是对大自然某些方面的拟人化——普洛透斯，这位不断改变其形状和形式的神，乃是一种对永远不断地变换其运动和色彩的海洋的象征。特里同是一位用海贝壳做号角的神，而且他的音乐是人们在海边从大贝壳里听到的不断重复的嗡嗡声。普洛透斯、特里同恰恰正是我们已经失去的东西的例子——在自然中看到自己以及我们的心境的能力，与自然相联系并将其作为我们自己体验的一个广泛的、具有丰富维度的能力。

笛卡儿的两分法已经为现代人驱除对女巫的信念提供了一个哲学的基础，而且这极大地促进了18世纪对巫术的真正战胜。每一个人都会同意说，这是一个很大的收获。但是我们同样也驱走了仙女、精灵、巨人以及森林和大地上所有的半人半仙。人们通常会认为，这也是一大收获，因为它帮助人们扫清了头脑中的"迷信"和"巫术"。但我却认为，这是一个错误。事实上，我们在驱除仙女、精灵以及诸如此类的东西时所做的事情，是在使我们的生活枯竭；而这种枯竭并不是清除人们头脑中的迷信的持久方法。有一则古老的寓言道出了一条可靠的真理：有一个人将邪恶的幽灵清扫出他的房子，但是这个幽灵在发现这个房子又干净又空荡时，就回来了，并带来了另外7个邪恶的幽灵；而对这个人来说，第二种情形要比第一种糟糕得多。因为正是那些内心空虚和空荡的人，才会去抓住现代迷信新的和更具破坏性的形式，如对极权主义神话、记忆痕迹、太阳终有一天会出现永不落这一奇迹等的信念。我们的世界已经解魅了；它不仅使我们与自然不和谐，而且与我们自己也不和谐。

作为人类，自然中有我们的根，这不仅仅是因为这一事实，即我们躯体的化学成分在本质上与空气、泥土或青草具有相同的元素。而

---

① 希腊神话中变幻无常的海神。——译者注

且还因为我们还以许多其他的方式参与到自然之中——例如，季节或黑夜与白天变换的循环，就可以反映在我们身体的节律、饥饿和餍饱、睡眠与清醒、性欲求与性满足以及无数其他方面中。普洛透斯之所以能够被用来作为大海中种种变化的拟人化，是因为他象征了我们与大海都具有的东西——变化的心境、多样性、变幻莫测以及适应性。在这个意义上，当我们与自然联系在一起时，我们不过是把我们的根放回到了它们原来的土壤中。

但是从另一个方面看，人类与自然的其他部分是迥然不同的。他具有对自我的意识；他的个人同一性感将他与其他的生物或非生物区别了开来。而自然根本不关注人类的个人同一性。我们与自然的关联中有至关重要的一点，这一点使得这幅画面的中心凸显成为本书的基本主题，即人类具有自我意识的需要。不管自然的非人格性如何，人们必须能够确证自己，能够用他自己内心的活力来填补自然的沉寂。

这就需要一个强大的自我——也就是说，一种强大的个人同一性感——来充分地与自然相联系，从而不会被吞没。因为真正地感觉到自然的沉寂及其无活力的特征，会带来一种相当大的威胁。例如，如果一个人站在一个岩石的岬角上，看着大海中浪涛的巨大起伏，而且如果他充分地、现实地意识到，大海从来不会"为他人的悲伤而流下一滴眼泪，也不会在意其他任何人在想什么"，一个人的生命会被吞没，但在宇宙巨大的、不断向前的化学运动中却几乎不能产生任何影响，那么这个人就受到了威胁。或者如果一个人让自己沉浸在对遥远高山巅峰距离的感受中，并且让自己"神入"高耸的山峰和深渊，而同时他又意识到，这座高山"从来都不是人类的朋友，也没有承诺过它不能给予的东西"，一个人可能会在山峰脚下的石头地面上被摔得粉碎，而他作为一个人的消逝对花岗岩的墙面来说却不会产生任何影响，那么他就会感觉到恐惧。这就是一个人在充分面对与无机存在的关系时所体验到的"虚无"或"非存在"的深刻威胁。而提醒自己

"尘归尘，土归土"事实上也只是空洞的安慰而已。

对于大多数人来说，这些在与自然的联系中所产生的体验会导致太多的焦虑。他们会通过关闭自己的想象，通过将自己的思维转向中午吃什么这样实际而单调乏味的细节，来逃避这种威胁。或者为了保护自己摆脱对非存在威胁的巨大恐惧，他们会通过将大海当成一个永远不会伤害他们的"人"，或者在某种对个人上帝的信念中寻求庇护，他们会告诉自己，"他会派他的天使们来关注你……至少当你在岩石上摔断了腿的时候会这样"。但是，要逃避焦虑或者合理化逃避的方式，从长远来看只会使一个人更加软弱。

我们已经说过，要创造性地与自然相联系，需要一种强烈的自我感和极大的勇气。但是，确证一个人自己的同一性而不是自然的无机存在，反过来又会创造出更强大的自我力量。但是，在这一点上，我们有点超前了——关于这种力量是如何形成的，是属于后面章节将要讨论的内容。在这里，我们只是希望强调，与自然的关联的丧失，与一个人自己的自我感的丧失是联系在一起的。作为对许多现代人的一种描述，"我们在自然中所看到的几乎没有什么是我们的"是软弱的、枯竭的人的一个标志。

## 》 悲剧感的丧失

丧失我们对人的价值和尊严的信念，其最终的结果和迹象之一是，我们已经失去了对人类生活的悲剧意义的感觉。因为悲剧感不过是对人类个体重要性的信念的另一个方面。悲剧表明了一种对人类存在的深刻尊重以及对个人的权利和命运的信仰——否则的话，无论是俄瑞斯忒斯还是李尔王，无论是你还是我，在我们的斗争中是挺立还是倒下，就无关紧要了。

阿瑟·米勒在他的剧本《推销员之死》的前言中，对我们今天悲剧的缺乏作了一些有力的评论。他写道，悲剧人物是一个"如果有需要，就随时准备献出自己的生命，去保护一样东西——他的个人尊严感"的人。而且"悲剧的权利是生存的一个条件，这是人的人格能够成熟并认识到它自己的条件"。这些条件是在撰写那些伟大的悲剧的西方历史时期获得的。人们只需看一下5世纪的希腊，当时埃斯库罗斯和索福克勒斯写出了俄狄浦斯、阿伽门农和俄瑞斯忒斯这些伟大的悲剧，或者只需看一下伊丽莎白时期的英国，当时莎士比亚为我们创造出了李尔王、哈姆雷特、麦克白等人物形象。

但是在我们这个空虚的时代，悲剧却相对罕见。或者即使撰写出来了，其悲剧的方面也正是这一事实，即人类生活是如此的空虚，如尤金·奥尼尔（Eugene O'Neill）的戏剧《送冰人来了》（*The Iceman Cometh*）。这个戏剧以一个大厅为背景，其剧中人物——酒鬼、娼妓以及剧中主人公——一个在剧情发展过程中患了精神病的男子——能够模糊地回想起他们在生活中曾经确实相信某种东西的时期。正是这种人类尊严在一种巨大的空虚、空洞中所引起的共鸣，使得这部戏剧具有了引发古典戏剧所能唤起的那种怜悯和恐惧之情的力量。

我们在前面已经提到过的阿瑟·米勒的《推销员之死》本身，就是关于普通人的少数几部现实悲剧之一——既不是关于酒鬼，也不是关于精神病患者——这些普通人构成了这个国家的社会情境，而我们大多数人都是在这个情境中成长起来的（在由这部戏剧改编的电影中，推销员威利·洛曼不幸地被安排成看起来很忧郁——那些仅仅看过电影的人可能不得不从一个更宽泛的背景来想象威利，以便能够领悟他真正的悲剧含义）。他是一个非常认真地对待社会教义的人，即成功是伴随着辛苦、精力充沛的工作而获得的，经济的进步是一种现实，而且如果一个人有恰当的"关系网"，那么成就与救助就会随之而来。从我们后来的视角，很容易看穿威利的幻想，并嘲笑他不健全的实干家的价值观。但是问题不在于此。重要的是威利相信；他认真地对待他自己的生存,以及那些教导他说可以恰当地期待从生活中有所收获的东西。他的妻子在描述威利与儿子们关系的破裂时说,"我不是说他是一个伟大的人,但是他是一个人,一件可怕的事情发生在了他身上。所以必须加以注意"。悲剧性的事实不在于威利是一个具有李尔王的伟大或者哈姆雷特的丰富内在的人;就像他的妻子在描述他时所说的,"他只是一艘寻找停泊港口的小船"。但是这是一个历史时期的悲剧——如果出现成千上万个像威利这样的父亲和兄弟们,他们也相信他们被教导的那一套,但是却发现在变化的时代这一套并不能起作用,那么,它就足以引起人们的震动,并使人们产生像古代悲剧所引起的那种怜悯和恐惧。"他从来都不知道他是谁",但他却是一个认真地对待他知情权利的人。

米勒写道,"这个悲剧人物的瑕疵或缺点真的不算什么——也不需要是什么——但是在面对他认为他的尊严(关于他权利地位的意象)受到挑战时,他与生俱来地不愿意保持被动。只有被动的人,只有那些接受自己命运而不反抗的人,才是'无瑕的'。我们大多数人都属于这个范畴"。米勒接着指出,一部悲剧之所以能震动我们的特征"来自于潜在的被置换的恐惧,来自于这种潜在的恐惧,即对那种固有的能将我们所选择的意象(我们在这个世界上做什么以及我们是谁)撕裂的恐惧。今天在我们当中,这种恐惧与过去一样强烈,可能甚至比以往任何时候都强烈"①。

在我们为悲剧感的丧失而哀痛时,但愿没有人会认为我们是在提倡一种悲观主义的观点。相反,正如米勒也提出的,"从其作者方面来讲,悲剧比戏剧蕴涵更多的乐观主义,而且……其最终结果应该是使旁观者关于人类是最为欢快的动物这一观点得到强化"。因为悲剧的观点表明,我们是在认真地对待人类的自由和他认识自我的需要;

---

① "The Hollow Men", in Collected Poems, New York, Harcourt, Brace and Co., 1934, foreword.

它证明了我们对"人有获得自己人性的不可摧毁的意志"的信念。

关于人性的知识和对在心理治疗中所暴露出来的那些人类潜意识冲突的洞察,为我们相信人类生活中的悲剧方面奠定了新的基础。对于一些人内心的挣扎和他们通常与自己以及挑战其尊严的外部力量所进行的严肃而痛苦的斗争,心理治疗师具有特权密切地目睹这一切,从而获得一种新的对于这些人的敬意,以及一种关于人类潜在尊严的新认识。而且,他在一星期的咨询工作中无数次地得到证据表明,当人们最终接受这个事实,即他们不能成功地欺骗自己,并最终学会认真地对待自己时,他们就会在自身中发现先前没有发现的,并且通常是惊人的帮助恢复的力量。

这一章中对我们这个时代产生混乱的根源的描绘,总结起来是一种黯淡的诊断。但这并不必然是一种黯淡的预兆。因为积极的方面是,我们别无选择,只能一直向前。我们就像那些在进行精神分析时其防御机制和幻觉都被突破的人一样,唯一的选择是努力前进以获得某种更好的东西。

意识到了我们所生活的历史情境的我们(我所说的我们是指每一个人),不管年老的还是年幼的——都不是20世纪20年代"迷失的"一代。当用在第一次世界大战以后那段时期许多反叛的年轻人身上时,"迷失的"这一词指的是,一个人暂时离开家,而当他非常恐惧独自一个人时仍能够重返家园。然而相反,我们却是无法回头的一代。生活在20世纪中期的我们,就像横越大西洋的飞行员一样,他已经飞过了不能返航的那一点,他没有足够的燃料可以回头,而必须一直向前,不管出现暴风雨或者其他种种危险。

那么,我们面临的任务是什么呢?在上面的分析中,含义已经非常明晰:我们必须重新发现自己内部力量和完整性的根源。当然,这与对我们自己的价值观和将会成为我们这个整体之核心的社会价值观的发现、确证是不可分离的。但是,无论在个人身上还是在社会中,没有哪种价值观是有效的，除非个人身上存在进行评价的先验能力，也就是说，要积极地选择和确证他据之生活的价值观。这就是个体必须要做的，这样，他将有助于为这个新的富于建设性的社会奠定基础，而这个新的富于建设性的社会将最终从这个动乱的时代出现，就像文艺复兴从中世纪的瓦解中诞生一样。

威廉·詹姆士曾经说过，那些关注于使社会变得更为健康的人，自己都有一个很好的开端。我们还可以进一步指出，从长远的角度看，找到自己内部的力量中心，是我们能够为同胞所作的最大的贡献。据说，当挪威附近海上的捕鱼人看到自己的小船正驶向一个大漩涡时，他便向前伸出手，尽力往汹涌的漩涡中扔入一根桨；如果他能做到这一点，大漩涡便会平静下来，他和他的小船就会安全地通过。正因为如此，一个生来具有内在力量的人总能对周围人的恐慌起到巨大的镇定作用。这就是我们社会所需要的——尽管很重要，但这不是新的观念和发明，不是天才和超人，而是人们所能够成为的人，也就是说，在他们内部具有一个力量中心的人。这就是我们在这些章节中的任务，即尽力找到这种内在力量的根源。

# 第二部分
# 重新发现自我

# 第三章
# 成为一个人的体验

　　为了开始这项"意识到我们自己的冒险"并发现作为这样一项冒险之回报的内在力量与安全感的根源，让我们一开始就提出这个问题，我们所寻求的这个人、这种自我感是什么？

　　几年前，一位心理学家得到了一只与他的小儿子年龄相同的小黑猩猩。为了进行一项实验（这是这些人的惯常做法），他将小黑猩猩放在家中与他的小孩一起抚养。开始几个月，他们成长的速度非常相似，一起玩耍，几乎没有表现出什么差异。但是在大约12个月以后，小孩的成长开始出现了变化，而且从那以后，小孩与黑猩猩之间的差异越来越大。

　　这就是我们所预期的。因为从最初在其母体子宫中形成胎儿的统一体，经过其自己心脏的开始跳动，然后在出生时作为一个婴儿从子宫中出来，并开始自己的呼吸和最初几个月受保护的生活，在这些方面人类与任何哺乳动物的幼体都是没有什么差别的。但是大约到两岁左右，人类婴儿中会或多或少地出现人类进化至今最根本、最重要的变化，即他对自身的意识。他开始觉知到他自己是一个"我"。当胎儿在子宫中时，这个婴儿只是与母亲连在一起的"原初的我们"当中的一部分，而且在婴儿早期，他也仍然只是心理"我们"中的一部分。但是现在这个小孩——第一次——觉知到了他的自由。正如格列高利·贝特森（Gregory Bateson）所说，他是在与其父亲和母亲的关系背景中感觉到他的自由的。他将自己体验为一个与父母相分离的本体，如果有需要的话，他还可以与他们相对抗。这种惊人的意识的出现，就是人类动物诞生为一个人的标志。

## 自我意识——人类的独特标志

这种自我意识，即从外部的视角来看待自己的自我的能力，是人类特有的特征。我的一个朋友有一条狗，它整个上午都会等在他的工作室门口，只要有人向门走来，它就会跳起来汪汪地叫，想要与人玩耍。我的朋友认为，这只狗叫是想说，"有一条狗一上午都在等人来跟他一起玩。你是这个人吗？"这是一种美好的感情，所有喜欢狗的人都乐于将这样一些让人舒适的想法投射进它们的大脑中。但是事实上，这确实就是狗无法说出来的东西。它能够表现出它想玩，并诱使你扔球给它，但是它无法站到自己的外面，将自己看做是一条正在做着这些事情的狗。它并没有被赋予对自我的意识。

因为这也意味着，狗可以免受神经症焦虑和罪恶感，而这是人类所得到的未必好的恩赐，所以有一些人更倾向于说，狗不会因为有这种自我意识而遭殃。沃尔特·惠特曼（Walt Whitman）很羡慕动物，他重复了这种想法：

> 我想我可以转而与动物生活在一起……
> 它们不会烦恼，不会为了自己的境况而抱怨，
> 它们不会躺在黑夜中无眠，也不会为了自己的罪孽
> 而流泪……

但事实上，人类的自我意识是他最高品质的根源。它构成了人类区分"我"与世界这种能力的基础。它给予了人类留住时间的能力，这仅仅是一种超脱于当前，想象昨天或后天的自己的能力。因此，人类能够从过去中进行学习，并为将来作出计划。因此，人类之所以是

一种历史性的哺乳动物,是因为他能够站到一边,审视他的历史;因此他能够影响他自己作为一个人的发展,并且他还能够在较小的程度上影响作为整体的民族和社会的历史进程。自我意识的能力还构成了人类使用符号这一能力的基础,这种能力是一种将某物抽象出来的方法,例如构成"桌子"这个单词的两个语音,人们一致认为这些语音将代表一整类事物。因此,人类能够用"美"、"理性"和"善"等抽象的东西来进行思考。

这种自我意识的能力使得我们能够像他人看待我们那样来看待自己,并能够对他人进行移情。它还构成了我们这种惊人的能力的基础,即想象自己进入下一周才会真正去的别人的会客室,并在想象中思考和计划自己将会如何作出行动。而且它还使得我们能够想象自己处在了他人的位置上,并且问自己,如果我们就是这个人,那我们将会有何感受,我们将会怎么做。不管我们是拙劣地使用、不能使用,甚至是滥用这些能力,它们都是我们开始爱自己的邻居、具有道德敏感性、发现真理、创造美、投身于理想以及在必要时为它们而献身的能力的基础。

实现这些潜能就是成为一个人。当有人提出,在希伯来—基督教的宗教传统中,人是按照上帝的形象创造出来的,说的就是这个意思。

但是这些天赋只有付出极高的代价才能获得,即产生焦虑和内在危机的代价。自我的诞生不是简单、容易的事情。因为此时这个孩子面对的是这样一个可怕的前景,即自己出去,独自一人,没有父母为他作出决定而得到充分的保护。难怪当他开始感觉到自己是一个独立的本体时,他可能会感觉到与周围高大而强有力的成年人相比自己是非常无能为力的。在他与对母亲的依赖进行斗争的过程中,有人做了这样一个意味深长的梦:"我在一条与一艘大船拴在一起的小船上。我们当时正在海洋中行驶,海浪汹涌而来,撞击着我的小船。我想知道它是否仍然与大船拴在一起。"

被父母所爱、所支持,但并没有被过分溺爱的健康孩子,将在发展进程中继续前进,尽管他会面对这种焦虑和危机。而且,他身上不会出现创伤性的特定外部迹象,也不会出现特别的反抗行为。但是当他的父母有意识或无意识地为了自己的目的或快乐而利用他、憎恨他或抛弃他,这样他在尝试这种新获得的独立性时就不能确信他能够得到一丝一毫的支持,那么,这个小孩就会依恋父母,并且仅仅以消极的、固执的形式使用他的独立能力。如果当他第一次尝试性地说"不"的时候,父母施以压制,而不是爱他、鼓励他,那么自此以后他说"不"就不是作为一种真正的独立力量的形式了,而仅仅是一种反抗。

或者说,像当前的大多数情况一样,如果父母们自己在变化时代的混乱海洋中都感到焦虑、困惑,对自己缺乏信心,被自我怀疑所困扰,那么他们的焦虑就会转移到小孩子身上,导致他们感觉到,他们是生活在一个勇敢地成为自我是很危险的这样一个世界中。

诚然,这个简要的概述是纲要式的,它意在为作为成年人的我们提供一种追溯性的描述,据此,我们可以更好地理解人们为何不能获得自我的原因。关于这些儿童期冲突的大部分资料都来自于成年人,他们在梦中、记忆中或当前的关系中挣扎着想要战胜在过去生活中最初阻碍他们发展成为一个人的东西。在不同的程度上,几乎每一个成年人都是以他在家庭生活的早期体验中所建立的模式为基础,为了获得自我而仍然在漫漫长路上挣扎着。

我们一刻也没有忽略这一事实,即自我总是在某一种社会情境中诞生的。从遗传学上讲,奥登说得很对:

　　……因为自我是一个梦
　　直到某位邻居的需要而
　　凭名字创造了它①

---

① *The Age of Anxiety*, New York, Random House, p. 8.

或者正如我们在上面所说，自我总是在人际关系中诞生和成长的。但是如果"自我"仍然主要是对周围社会环境的反映，那么它就不能发展成为一个可靠的自我。在我们这个特定的世界中，顺从是自我最大的破坏者——在我们的社会中，符合该"模式"倾向于被接受为是一种规范，而被"大家喜欢"被说成是获得救助的入场券——我们需要强调的不仅仅是这一公认的事实，即我们在某种程度上是互相创造的，而且还要强调我们有体验、创造自己的能力。

就在我写下这些话的当天，一位实习医生在他的精神分析过程中报告了一个梦，这个梦在本质上与几乎每一个处于成长危机中的人所做的梦都是相似的。这个年轻人是医学院的学生，最初来寻求精神分析帮助，是因为他的焦虑非常严重，而且持续时间很长，以至于他几乎到了要从医学院退学的地步。他的问题主要归因于他与母亲的密切关系，他的母亲是一个非常反复无常但却强硬又专横的女人。现在他已经完成了医学院的学习，实习也很成功，并已经申请明年在医院进行责任最重大的高级训练。在他做这个梦的前一天，他收到了一封医院领导们的信，信中同意了他进行高级训练的申请，并称赞了他作为一个实习生的优秀工作。但是他没有感到高兴，反而突然陷入了焦虑之中。他是这样用自己的话来描述这个梦的：

我当时正骑着自行车去我小时候的家，我父亲和母亲当时住在那里。那个地方看起来非常漂亮。当我走进去时，我感到非常自由，而且充满力量，就像在我现在作为一名医生的现实生活中一样，不像我小时候的生活。但是我的母亲和父亲却认不出我。我不敢表示出我的独立性，因为我害怕被踢出去。我感觉到非常孤独和寂寞，就好像置身于北极，周围一个人也没有，只有一望无际的冰雪。我走过整个房子，各个房间里都挂着牌子，上面写着，"擦干你的脚"和"洗净你的手"。

在得到他想要的职位后所表现出来的焦虑表明，这个职位中的某种东西，或者是这个职位所要承担的责任，使他感到非常恐惧。而这个梦告诉了我们为什么会这样。如果他本身是一个能够肩负责任的、独立的人——与那个受母亲控制的小男孩相比——那他就会被撵出家庭，将会被孤立而只有他一个人。这种以"擦干你的脚"这类字牌的形式所出现的绝妙花饰为我们提供了一个脚注，它告诉我们，那所房子就像是一个军营，而根本不是一个充满爱的家。

当然，这个年轻人所面临的真正问题是，他为什么会梦到回家——当他面对所要承担的责任时，是他自身内部的什么需要使他想回到母亲和父亲那里，回到那所他将其描述为在梦中外观看起来很漂亮的房子中去？这是一个我们在后面将要讨论的问题。在这里，我们只重点强调，如何成为一个人，即获得一个人自己的同一性，是一种原初的发展，它开始于婴儿期，并持续到成年期（不管他的年龄有多大）；其中所包含的危机可能会导致极大的焦虑。难怪许多人都压抑这种冲突，并终其一生竭力逃避这种焦虑！

体验自我意味着什么？这种对我们自己的同一性的体验，是对我们所有人开始成为一个心理学意义上的人的基本证明。它绝对不可能从逻辑的意义上得到证明，因为自我意识是所有此类讨论的先决条件。在人对自己存在的意识中，总有一种神秘的元素——这里所说的神秘是指一个问题，而关于这个问题的资料已经侵入到这个问题中了。因为这样一种意识是对自我进行探究的先决条件。这就是说，甚至是对作为自我的个人自己的同一性的反思，也意味着这个人已经处于自我意识之中了。

一些心理学家和哲学家对自我的概念表示怀疑。他们之所以反对这一概念，是因为他们不愿意把人从与动物的连续统一体中分离出来，而且他们认为，自我的概念妨碍了科学的实验。但是，因为无法将它还原为数学方程式而否决"自我"这个概念，认为它是"不科学的"，这与二三十年前认为弗洛伊德的理论和"潜意识"动机的概念是"不科学的"的看法，几乎如出一辙。这是一种防御性的、教条主义的科学——因此不是真正的科学——像一张普罗克拉斯提斯的床①一样，它使用的是一种特定的科学方法，并且驳斥所有与它不相符的人类体验形式。诚然，我们应该清楚地、现实地看到人类与动物之间的连续统一体；但是我们没有必要贸然下这个毫无根据的结论，认为人类与动物之间没有区别。

我们无须证明自我是一种"对象"。我们只需说明，人们是如何拥有自我关联这种能力的。自我是个体内部的一种组织功能，借助于这种功能，一个人可以与其他人相联系。它先于我们的科学，而不是科学研究的一个对象；一个人能够成为一位科学家这个事实，是以自我为先决条件的。

在任何一个特定的时刻，人类体验总是无法用我们特定的方法来理解，而理解一个人作为自我的同一性的最好方法，就是观察自己的体验。例如，我们可以想象一下某位正在撰写论文以否认自我意识概念的心理学家或哲学家的内心体验。在他考虑撰写这篇论文的几个星期中，他无疑许多次地在心里描画自己将有一天要坐在书桌前开始动笔写。而且我们可以说，在他真正地开始写之前和后来他坐在书桌前写这篇论文的时候，他都一次又一次地想象他的同事们将如何评价这篇论文，某某教授是否会赞同这篇论文，其他同事是否会说"真是才华横溢"！还有其他一些同事是否会认为这篇论文很无聊，如此等等。

---

① 在雅典国家奠基者的传说中，从墨加拉到雅典途中有个非常残暴的强盗，叫达玛斯尔斯，绰号普罗克拉斯提斯（Procrustes）。希腊语 procrustes 的意思是"拉长者"、"暴虐者"。据公元前1世纪古希腊历史学家狄奥多所编《历史丛书》记述：普罗克拉斯提斯开设黑店，拦截过路行人。他特意设置了两张铁床，一长一短，强迫旅客躺在铁床上，身矮者睡长床，强拉其躯体使之与床齐；身高者睡短床，他用利斧把旅客伸出来的腿脚截短。由于他这种特殊的残暴方式，人们称他为"铁床匪"。后来，希腊著名英雄提修斯在前往雅典寻父途中遇上了他，击败了这个拦路大盗。提修斯以其人之道还治其人之身，强令身体魁梧的普罗克拉斯提斯躺在短床上，一刀砍掉"铁床匪"伸出床外的下半肢，除了这一祸害。由此，在英语中遗留下来 a Procrustean bed 这个成语，亦作 the Procrustes' bed 或 the bed of Procrustes。这个成语与汉语成语"削足适履"、"截趾穿鞋"颇有相通之处；也类似俗语"穿小鞋"、"强求一律"的说法。——译者注

在每一个思绪中,他都明确地将自己看做是一个同一体,就像他看到一个同事横穿过街道一样明确。他在反对自我意识过程中的每一个思绪,却恰恰证明了这种对他自己的意识。

这种对一个人作为自我的同一性的意识,当然不是一种理性的观念。据传,在3个世纪前的现代开始之初,法国哲学家笛卡儿曾钻进火炉一整天,一个人苦思冥想,试图找到人类生存的基本原理。晚上他从火炉里钻出来,得出了这个著名的结论"我思,故我在"。这就是说,我之所以作为一个自我而存在,是因为我是一个具有思想的动物。但是这还不够。你我从来都不认为自己是一种观念。相反,我们总是把自己想象成在做着某件事情,像那个写论文的心理学家一样,然后我们会在想象中体验当我们在现实中做那件事情时将产生的感觉。也就是说,我们将自己体验为一个思维—直觉—感觉以及行动的统一体。因此,自我不仅仅是一个人所能扮演的各种"角色"的总和——它是一种能力,据此,人们可以知道他在扮演着这些角色;它是一个中心,从这个中心,人们可以看到并意识到这些他自己所谓的不同"侧面"。

在这些或许有些夸张的措辞后,让我们提醒一下自己,毕竟这种对个人自己同一性的体验或者说成为一个人,仅仅是生活中最简单的体验,尽管它同时也是最为深刻的体验。众所周知,当你逗弄一个小孩叫错他的名字时,他会义愤地、强烈地对你作出反应。这就好像是你夺走了他的身份——对他来说,这是一种最为珍贵的东西。在《旧约》中有这样一句话"我将抹去他们的名字"——即擦去他们的身份,就好像他们从未存在过一样——这是一种甚至比肉体死亡还要大的威胁。

一对孪生小姐妹向我们生动地证明了,对于一个小孩来说,成为一个独立的人是多么重要。这两个小女孩是很好的朋友,这一事实之所以可能,是因为她们能够互补,一个性格外向,如果有人来家里,她总是在人群中央，而另一个则非常开心于独自一人用彩笔画画和写一些小诗。与父母们通常对双胞胎所做的一样，她们的父母也在带她们出去散步时给她们穿成一样。当她们约三岁半的时候，那个小一些的性格外向的女孩开始总想与她的姐姐穿不同的衣服。如果她与姐姐穿得一样，如果有必要的话，她甚至会想穿一件旧一些而且不怎么漂亮的衣服，这样她与姐姐穿的衣服就不一样了。或者如果在她们出门之前，她姐姐穿得跟她一样，她就会哀求她不要穿一样的衣服，有时候还会哭着哀求。好多天，这使她父母非常困惑不解，因为这个孩子在其他方面并不感到焦虑。最后，父母弯下身来问这个小女孩，"当你们两个出去散步时，你喜欢街上的人说'瞧那对可爱的双胞胎姐妹'吗？"这个小女孩立刻大声说，"不喜欢，我希望他们说，'看这两个不同的人！'"

这个自然的呼喊，显然揭露了某种对这个小女孩来说非常重要的东西，我们不能解释说，这个小孩想要得到人们的注意；因为如果她跟姐姐穿得一样，她将会得到更多的注意。相反，这表明，她要求成为一个独立的人，要求有她自己的个人身份——这种需要对她来说比得到注意和声誉更为重要。

这个小女孩恰当地道出了每一个人的目标——成为一个人。每一个有机体在生活中都有一个，而且只有一个中心需要，即实现自己的潜能。橡树子成为一棵橡树，小狗变成一条大狗并与其人类主人建立能使其受益的、宠爱和忠诚的关系；这就是橡树和狗所需要的一切。但是人类实现其天性的任务要困难得多，因为他必须在自我意识中做这件事情。也就是说，他的发展从来都不是自动的，而必须在某种程度上由他自己进行选择和确认。约翰·斯图亚特·穆勒（John Stuart Mill）写道，"在人类生活恰当地被用于完善和美化而产生的成果中，最为重要的当然是人类自己……人性不是一部照模型就可以造就并完全按为它设定的程序来工作的机器，相反，人性是一棵树，它需要按照使它成为一种生物的内部力量的倾向，自己在各个方面成长和发展"。遗憾的是，在这种绝妙表达的思想中，约翰·斯图亚特·穆勒忽略了这种使人类成为一种生物的最为重要的"内部力量的倾向"，也就是说，人类并不是像一棵树一样自动地成长，而只有当他在自己的意识中作出计划和选择时，他才能实现自己的潜能。

幸运的是，人类生命中漫长的婴儿期和儿童期——与橡树子和小狗的状况不同，橡树子一落到土壤中就只能靠它自己了，而小狗在出生几个星期之后就必须自食其力——为儿童完成这项困难的任务做好了准备。他能够获得一些知识和内在力量，这样当他必须开始作出选择和决定时，他就具备了一些能力来这么做。

而且，人作为一个个体必须作出自己的选择，因为个性是个人自我意识的一个方面。当我们认识到人的自我意识始终是一种独特的行动时——我绝对无法确切地知道你是如何看待自己的，而你也绝对无法确切地知道我是如何与自我联系在一起的，那我们就能清楚地看到这一点。这是每一个人内心的圣所，他必须一个人待在那里。这一事实导致了人类生活中大量的悲剧和无法逃避的孤立，但是它也再一次表明，作为个体，我们必须找到自己内在的力量，以能够站到自己内心的圣所中去。而且这个事实也意味着，既然我们不是自动地与我们的同胞融合在一起的，那我们就必须通过自己的确认来学会彼此相爱。

如果任何一个有机体不能实现它的潜能，那它就会患病，就像如果你从不走路，你的双腿就会萎缩一样。但是，你将要失去的不仅仅是双腿的力量。你的血液流动、心跳以及整个机体都会变得更加虚弱。同样，如果人类不能够实现他作为一个人的潜能，那么他也会在那个程度上变得枯竭和生病。这就是神经症的实质——那个人闲置不用的潜能受到环境中（过去的或当前的）敌对性条件以及他自己内化了的冲突的阻碍，转而朝向内部，于是导致发病。威廉·布莱克

(William Blake)曾说,"活力是永恒的快乐;有欲望但却没有行动的人,必然会滋生恶疾"。

在描述这些不能使用他们的潜能并因此失去作为人的感觉的人们这一可憎的任务方面,卡夫卡堪称大师。《审判》(*The Trial*)和《城堡》(*The Castle*)中的主要角色都没有名字——他们只能通过一个词首的字母加以识别,这个字母是他缺少自己的身份的无言象征。在一部令人惊愕和恐惧的寓言《变形记》(*Metamorphosis*)中,卡夫卡阐明了当人类失去他们的力量时将会发生的一切。这个故事的主人公是一个典型的、空虚的现代年轻人,他是一个中产阶级出身的推销员,过着一成不变的空虚生活,定期回到家中,每个星期天都要吃同样的烤牛肉,而他的父亲也总是会在饭桌上睡着。卡夫卡的隐喻是,这个年轻人的生活是如此空虚,以至于有一天早上他醒来发现自己不再是一个人,而是一只甲虫。因为他没有实现他作为一个人的同一性,所以他丧失了他的人类潜能。甲虫,就像虱子、老鼠和寄生虫一样,是靠别人的剩余残渣为生的。它是一种寄生物,而且在大多数人看来,它是不洁的和令人恶心的事物的象征。当一个人放弃了他作为人的本性时,难道还有比这个更为有力的象征吗?

但是,从我们确实实现了作为人的潜能这方面来说,我们体验到了人类继承下来的最意味深长的快乐。当一个小孩在学上楼梯或者举起一个盒子时,他会一次又一次地尝试,当他摔倒时,他会爬起来,重新再来。当最后终于成功时,他会发出满足的笑声,这是他在使用自己的力量时获得快乐的表现。但是,与青年人第一次能够使用他新出现的力量赢得一个朋友所体验到的内心快乐,或者当一个成年人能够爱、计划和创造时所获得的快乐相比,这就算不了什么了。快乐是当我们使用自己的力量时所产生的情感。生活的目标是快乐,而不是幸福,因为快乐是一种伴随着我们实现自己作为人的本性而产生的情感。它是以个体对于自己是一个有价值的、有尊严的、能够确认自己的存在的、在必要的时候会反抗其他一切存在和整个生物界的同一体的体验为基础的。这种力量的理想形式在一种苏格拉底式的生活中得到了体现，他对自己和自己的价值观非常自信，他把自己被判处死刑看做是对自己信念的更大实现，而不是一种妥协，更不是一种失败。但我们并不希望暗示说，这样一种快乐只有英雄和杰出人物才有；它也大量地存在于所有人的行动中，不管这个行动是多么不起眼，只要它是自己力量的诚实、负责的表达就行了。

## ▶ 自我轻蔑——自我价值的替代物

不过，在此我们必须停下来对两种反对意见作出解答。一些读者可能会认为，这种对自我意识之必要性和价值的强调，将会使人们"过分关注"他们自己。一种反对意见认为，它会导致人们"过于内省"，而另一种反对意见则认为，它助长了自我中的骄傲。持后一种反对意见的人可能会提出这样的问题，"难道我们不是一直被告知不要过于看重自己吗？难道人们不是一直宣称以自我为骄傲是我们这个时代大部分罪恶的根源吗"？

让我们先来考虑后一种反对意见。诚然，我们不应该过于看重自己的自我，而且勇敢的谦逊是现实的、成熟的个体的标志。但是，从自我膨胀和自负的意义上来说，过于看重个人的自我并不是来自于更强的自我意识或更强的自我价值感。事实上，它却正好来源于其反面。自我膨胀和自负通常是内在空虚和自我怀疑的外部迹象；而一种骄傲的表现则是最为常见的掩饰焦虑的方式。骄傲是20世纪20年代很有名的愤怒喧嚣的一个主要特征，但是我们现在知道，这一时期是焦虑最为普遍并且受到压抑的时代之一。感觉虚弱的人却成了暴徒，自觉不如他人的人却成了吹牛大王；肌肉的抽搐、夸夸其谈、趾高气扬以及厚颜无耻，是个体或团体中隐藏着的焦虑的症状。每一个看过高视阔步的墨索里尼和精神病态的希特勒的照片的人都知道，法西斯主义表现出了巨大的骄傲；但是，法西斯主义必然会导致一个民族朝着空虚、焦虑、绝望从而死死地抓着权力不放的方向发展。

将这个问题更深地推进一步说，当今许多反对以自我为骄傲的观点，以及许多关于所谓的自我克制的说教，其动机都不是出于谦逊或是对人类处境的勇敢面对。例如，许多这类观点都显露了对自我相当大的轻蔑。阿尔都斯·赫胥黎（Aldous Huxley）写道，"对我们所有人来说，最不能忍受的阴郁的、死气沉沉的生活是，我们孤身独处的生活"。幸运的是，我们可以马上评论说，这种概括显然是不正确的；从经验上讲，如果认为对斯宾诺莎或者梭罗（Thoreau）、爱因斯坦、耶稣以及许多没有名气但却有勇气的人来说，最阴郁的、死气沉沉的生活是他孤身独处的生活，这与事实是不相符的，正如克尔凯郭尔所说，他们是为了意识到自我。事实上，我甚至非常怀疑，赫胥黎的话是否适合他自己，是否适合于莱因霍尔德·尼布尔（Reinhold Niebuhr），是否适合于其他非常自信并肯定地宣称人类坚持自我是罪恶的人。实际上，现在如果有人鼓吹反对自负和以个人自我为骄傲，那他非常容易找到听众，因为大多数人都感觉非常空虚并深信他们自己缺乏价值，以至于他们轻易地就认为那个谴责他们的人就一定是对的。

这使我们看到了理解现代许多自我谴责的动力最为重要的一点，那就是，谴责自我是获得一个自我价值感替代物最为快速的方式。几乎但没有完全失去其价值感的人们通常具有非常强烈的谴责自己的需要，因为这是淹没这种痛苦的无价值感和羞辱感之痛最为迅速的办法。这就好像是这个人在自言自语，"我一定很重要，因为我是如此的值得谴责"，或者"瞧，我多么高尚啊：我有这么崇高的理想，而且我为没有实现这个理想而感到如此羞愧"。一位精神分析家曾直截了当地说，当接受精神分析的某个病人因微不足道的过失而喋喋不休地训斥自己时，他就想问他，"你以为你是谁啊？"这个自我谴责的人在很大程度上试图表明他有多么重要，以至于上帝也非常关注对他的惩罚。

因此，很多自我谴责都只是骄傲自大的幌子。那些认为他们通过谴责自己而克服了骄傲的人可以好好地考虑一下斯宾诺莎的话，"看不起自己的人最可以被称为是骄傲的人"。在古代的雅典，当一个政客为了设法得到手工业者阶层的选票而衣衫褴褛，身穿带着大洞的衣服，以一副非常谦卑的样子出现时，苏格拉底撕下了他伪善的面具，大声地说，"你衣服上的每一个洞都透露了你的自负"。

今天，许多这种自我谴责的机制可以在心理抑郁中观察到。例如，一个感觉到自己不被父母喜爱的小孩可能总是说（通常是自言自语），"如果我和现在不一样，如果我不是一个坏孩子，那他们就会爱我了"。通过这种方法，他试图逃避面对认识到自己不被喜爱所引起的强烈压力和恐惧。对于成年人来说也是如此：如果他们能够谴责自己，那他们就无须真正地感觉到孤独或空虚的痛苦，而他们不被喜爱这个事实也不会使他们怀疑自己作为人的价值感。因为他们总是可以说，"如果不是因为某种过失或坏习惯，我就会被喜爱"。

在我们这个充斥着空洞的人的时代，对自我谴责的强调，就像是在抽打一匹生病的马：它能暂时地振奋精神，但却加速了人的尊严的最后崩溃。自我谴责这种自我价值的替代物为个体提供了一种逃避公开地、诚实地面对他的孤独和无价值感等问题的方法，并导致那些寻求现实地面对其处境以及建设性地付出行动的人产生一种假性的谦卑，而不是诚实的谦卑。而且，自我谴责这种替代物还为个体的自我憎恨提供了一种合理化，并因此强化了他憎恨自己的倾向。而且，因为个人对其他自我的态度通常与他对自己自我的态度相类似，因此，他隐藏的憎恨他人的倾向也得到了合理化和强化。从自我的无价值感到自我憎恨或憎恨他人，其间的距离并不遥远。

在自我谴责受到鼓吹的圈子里，当然从未有人解释过，为什么一个人举止如此粗鲁，从不替他人着想，以致如果他发现自己非常沉闷和抑郁时就会强迫别人与他为伴。而且，这些众多的矛盾在下面的教义中却从未得到合理的解释，这种教义只建议我们应该憎恨作为自我的"我"，而应该爱所有其他人，这样做显然是期望他们也爱我们，爱我们这些可憎的家伙；或者是期望，我们越憎恨自己，我们就越会爱那个在无意之中创造了"我"这个不值一提的家伙的上帝。

然而幸运的是，我们已经无须再争论这一点，即自我对于爱他人来说不仅是必需的、有益的，而且是它的先决条件。埃里希·弗洛姆在他的劝导性分析《自私与自爱》（*Selfishness and Self-love*）中清楚地阐述了，自私与过分的自我关注事实上是源自于内心的自我憎恨。他指出，自爱不仅不同于自私，而且实际上是它的对立面。这就是说，一个内心感觉自己无价值的人必须通过扩张自私来增强自我，而一个对自己的价值有合理体验的人，即一个爱自己的人，就具有了慷慨地对待其邻居的基础。幸运的是，从更为长远的宗教视角来看，可以清楚地看到，这些同时发生的自我谴责与自我轻蔑在很大程度上是特定现代问题的产物。加尔文（Calvin）关于自我轻蔑的观点是与这一事实密切相关的，即在现代工业发展中个体感觉自己是无足轻重的。而20世纪的自我轻蔑不仅产生于加尔文主义，而且还源自于我们的空虚症。因此，现代对自我轻蔑的强调不是长期的希伯来—基督教传统的代表。克尔凯郭尔非常有力地表达了这一点：

因此，如果有人不从基督教学会恰当地爱自己，那么他也就不能爱他的邻居……以恰当的方式爱自己与爱他的邻居是非常相似的概念，实际上是完全等同的……因此得出的法则就是："当你爱人如爱己时，你就会爱己如爱人。"①

---

① *A Kierkegaard Anthology*. Robert Bretall, ed. Princeton, 1946, p. 289.

## ⇒ 自我意识不是内倾

我们在上面提到的另一种反对意见可能会使读者在心里产生这样的问题："难道我们不应该竭力忘掉自己吗？难道对自我的意识不会使人在害羞、尴尬、社会性受到抑制的意义上过于自觉吗？"一些发问者无疑会提到那只著名的蜈蚣，它遭遇不幸是因为太多地"考虑先出哪只脚再出哪只脚，最后只好心烦意乱地躺在沟渠里"。显然，这只蜈蚣的寓意是，"如果你过分在意你所做的事情，那么看看在你身上将会发生什么吧"。

在回答这些反对意见之前，我们必须先指出，在这个国家，自我意识被等同于病态的内省、害羞和尴尬，这是何等的不幸。那么，自然，任何人在这个世界上最不想做的事情就是，变得具有自我意识。但是我们的语言却戏弄了我们。在这一点上，德语更为确切：自我意识在德语里还有"自信"的意思，而这是它应该有的意思。

有一个例子能够清楚地说明这一点，即我们所谈论的仅仅是害羞、尴尬、病态内倾的对立面。有一个年轻人前来寻求心理治疗，因为他的自发性几乎完全被阻塞了，尽管他在智力上很有能力，而且从表面上看也似乎非常成功。他无法爱任何人，而且无法在人际关系中获得真正的愉悦。这些问题还伴随有严重的焦虑和经常发生的抑郁。他总是习惯于站在自己之外审视自己，从不让自我离开，直到这种自我关注变得非常痛苦。在听音乐时，他非常关注于自己听得怎么样，以至于无法听到音乐。甚至在做爱时，他也好像是站在自身之外，观察着自己并问："我做得怎么样？"正如我们可以想象到的，这对他的生活来说是一种障碍。当他开始接受心理治疗后，发现他必须更多地意识到自己内心的活动，他必须变得更具"自我意识"，他感到很害怕，因此他的问题变得更糟了。

他是独生子，父母都非常容易焦虑，他们对他进行了非常过度的保护，例如，由于他们不愿让他独自一个人，所以晚上从来不出去。尽管表面上他的父母在与他的所有交往中"开明"且"理性"，但是他却从来都不记得自己在整个儿童时期曾对他们顶过一次嘴。他的父母喜欢在亲戚面前夸耀他在学校的成绩，从报纸上剪下关于他的成绩的报道，并为他比他的堂兄弟们聪明而感到骄傲；但是他们很少直接向他表示对他的真正的欣赏。因此，在小时候，他已经无法产生他自己独立的力量感和价值感，并过分关注在学校获奖而至少可以间接地得来的表扬，以此作为独立的力量感与价值感的替代物。除此以外，他刚十来岁的时候是在希特勒时期的德国度过的，在那里，他不断地接受到关于他作为犹太人而被假定毫无价值的宣传。因此，作为成年人，他总是置身于自己之外不断地审视自我，就像是不断地剪贴报纸一样，以此判断、估量自己，试图向自己证明纳粹是不对的，试图从父母那里得到对他作为一个人的真正的肯定。诚然，这个案例过于简单化了。我们只是希望说明，这个人的病态自我意识以及他不能自发地、全身心地行事，恰恰是与他自我意识的缺乏联系在一起的，确切地说，是对于他就是那个正在作出行动的"我"这种体验的缺乏。仅仅把自己当做自我的"观察者"，像对待一个物体一样来对待自我，就是使自己成为自我的局外人。

那只著名的蜈蚣，通常被那些不愿经历扩大自我意识这个艰难过程的人用来作为一种合理化。而且，这不是一个准确的寓言。例如，你越少地意识到你是怎样开车的或者外面的交通状况如何，你就会越紧张，开车时也会把方向盘握得越紧。但是从另一方面来看，你开车的经验越丰富，对交通问题和如何处理紧急事件越有意识，你就会越有力量感，越能轻松地驾驶。你具有这种意识，即是你在开车，是你在控制着一切。自我意识实际上扩展了我们对生活的控制，而且有了这种扩展了的力量，我们就有能力让自我自由行事了。这就是隐藏在似乎真实的矛盾之后的真理，即一个人对自我的意识越多，他同时就越有自发性和创造力。

诚然,关于忘掉儿童期自我、婴儿期自我的建议,是一个很好的建议。但是它几乎没有任何益处。而且,事实上,正如我们将在下一章所看到的那样,在创造性活动中,人们确实在某种意义上忘掉了他的自我。但首先我们必须考虑一下人们是如何获得自我意识的这一难题。

## 》 对自己身体与感受的体验

在获得个人对自我的意识时,大多数人都必须回到人生之初,重新发现他们的感受。令人惊奇的是,许多人对于他们的感受只有一般性的认识——他们会告诉你他们感觉"很好"或"糟糕",非常模糊,就像他们在说"中国在东方"一样。他们与自己的感受之间的联系非常遥远,就好像要用长途电话进行联系一样。他们无法进行直接的感觉,而只能给出关于其感受的想法;他们不会受到自己感受的影响,他们对自己的情绪无动于衷。就像艾略特所说的"空洞的人",他们对自己的体验是:

> 有形状却没有形式,有影子却没有颜色,
> 瘫痪了的力量,有姿势却没有动作。

在心理治疗中,当这些人无法体验自己的感受时,他们通常必须学会日复一日地回答诸如我现在感觉如何等问题,以此学会感觉。最重要的是一个人能感觉到多少,当然,我们并不是说他需要兴奋激动;那是感情用事而不是感情本身,是受感情影响而不是情感。而真正重要的是这种体验,即是"我"这个主动的个体在感觉。随之而来的是感觉的直接性和即时性;个体在自我的所有水平上体验这种情感。他以高度的活力来感觉。这样,个体的感觉就不会像集合号的音符那样受到限制,这个成熟的个体就能够根据细微的差别把自己的感觉区分为强烈的、激情的体验或微妙的、敏感的体验,就像交响音乐

的不同音部一样。

这还意味着，我们需要重新获得对我们身体的觉知。婴儿是通过对自己身体的觉知而获得一部分早期的个人同一性感的。加德纳·墨菲（Gardner Murphy）说，"我们可以将婴儿体验到的身体作为自我的最初核心"①。婴儿一次又一次地伸动他的腿，而且早晚会产生这样的体验，"这条腿在这儿；我能感觉到它，它是属于我的"。性感觉尤其重要，因为它们是小孩能够直接将其归为己有的最早感觉之一。当性敏感区在游戏中或在穿衣服时受到刺激，小孩就开始初步地体验到了对自我的感觉。不幸的是，过去在我们的社会中，性感觉和与排便体验相联系的感觉被广泛地列为禁忌，而小孩也被告知这种感觉是"下流的"。既然这种感觉是认同自我的方式之一，那么这种禁忌就等于清楚地暗示说，"你自己的意象是肮脏的"。这无疑是我们社会中鄙视自我这一倾向的根源的一个重要部分。

觉知到自己身体的能力在个体的整个一生中都具有很大的重要性。一个奇怪的事实是，大多数成年人都严重丧失了对身体的觉知，以至于如果你问他们，他们的腿、踝、中指或者身体的任何其他部位有什么感觉时，他们都无法回答。在我们的社会中，对身体不同部分的觉知，通常被局限在一些边缘性精神分裂症患者以及其他受到瑜伽或其他东方功夫影响的处于非自然状态的人中间。大多数人都按这样的原则行事，"让手脚的感觉顺其自然吧，我必须上班去了"。作为一台因几个世纪以来屈从于现代工业主义的目的，身体由此受到抑制而成为的毫无生气的机器，人们现在为毫不关注自己的身体而感到骄傲。他们把身体当做一个物体来进行操纵，就好像他们是在驾驶一辆卡车，直到它烧完汽油为止。他们给予身体的唯一关注是，每周在给亲戚打电话问他过得怎么样时会敷衍了事地想起它一次，但却从没有

---

① *Culture and Personality*，eds. Sargent and Smith, p. 19.

真正地想要认真地对待对方的回答。于是，自然出现了这些问题，如果我们用隐喻的说法来说的话，是她用感冒、流感或者更为严重的疾病击倒我们，就好像在说，"你什么时候才能学会倾听你的身体呢"？

对于身体的非个人的、分离的态度还表现在大多数人一旦生病以及对疾病的反应方式上。他们会用被动的语态说——"我病了"，将身体作为一个物体来进行描述，就好像他们说"我被汽车撞了"一样。然后他们耸耸肩，爬上床，把自己完全交到医生和能创造奇迹的新药物手中，这样他们便认为自己已经尽了责任了。因此，他们使用科学进步来作为自己消极被动的一种合理化：他们知道病菌、病毒或者过敏症是怎样攻入身体的，他们还知道青霉素、磺胺药物或者其他一些药物是怎样治好他们的。对于疾病的这种态度，不是那些将自己的身体体验为自我一部分的、具有自我意识的人所持的态度，而是被分割成多个部分的人所持的态度，他们可能会用这样的句子来表达他们的被动态度，"肺炎双球菌使我生病了，但是青霉素使我恢复了健康"。

当然，借助科学所能提供的所有帮助来促进个人的自我实现仅仅是常识，但是这绝不能成为放弃自己身体主权的理由。当一个人放弃了自主权，他就非常容易患上各种各样的身心疾病。许多开始于不正确的行走、错误的姿势或呼吸这些小事情的身体机能的失调，都是归因于人们把自己当做机器这一事实，举一个简单的例子，人们在一生中都在行走，却从未对自己的双脚、双腿或身体其他部位的感觉有所体验。例如，对双腿机能障碍的矫正，通常需要个体重新学习感觉在他行走时所发生的一切。在战胜身心疾病或像肺结核这样的慢性疾病时，重要的是学会"倾听身体"以决定何时工作以及何时休息。令人惊异的是，对于用耳朵来倾听身体所说内容的敏感个体来说，他可以得到很多关于生活的暗示、指导和直觉。与整个身体的反应相一致以及与自己和世界及周围他人的情感关系的感觉相一致，就是踏上了一条健康之途,这种健康是不会周期性地崩溃的。

人们不仅在将其作为工作工具来使用时将身体与自我分离开来,同样,他们在追求快乐时也将其与自我分开。身体被看做是感觉的运载工具,就像调电视频道一样,如果富于技术性地进行操作的话,人们就可以通过它享受特定的佳肴美味以及性感觉。我们在上一章已经提到过的对于性的分离的态度,与这种将身体与自我的其他部分分离开来的倾向是联系在一起的。金赛的报告中说,性伴侣是一个性"对象",和这种想法类似,许多人认为"我的性需求需要某种发泄",而不是"我想要并选择这个特定的人发生性关系"。众所周知,这种将性活动与自我的其他部分分离开来的倾向,一方面在清教徒的态度中得到了证明。但是另一方面,人们并没有广泛地认识到,与清教主义截然相反的自由思想派也犯下了完全一样的错误,即将性与自我分离了开来。

我们主张,欢迎身体回到与自我的统一中。正如前面已经提到过的,这意味着恢复一种对个人身体的主动意识。它是指将个人的身体——进食和休息得到的快乐、运动结实的肌肉所引起的兴奋或者性冲动与亢奋的满足——体验为主动自我的各个方面。这不是一种"我的身体在感觉"而是"我在感觉"的态度。在性方面,这是一种将性欲望与性亢奋体验为人际关系的一个方面的态度。实际上,将性与自我的其他部分分离开来,就像割开喉咙然后说"我的声带想要跟我的朋友谈谈"一样站不住脚。

而且,我们还主张将自我放置在身体健康这幅画面的中央:生病或获得健康的是"我"。我们主张,在谈到疾病时用主动的语态,而不是被动的语态,过去"我得病了"(I sicken)这种表达是正确的。幸运的是,至少在一种疾病中,还有一个主动的动词仍然用来表示病情好转的过程——在某个疗养院中,肺结核病人会说"我治好了"(I cured)。我们建议,无论是生理还是心理的疾病都不应被看做是周期性地发生于身体（或"人格"、"心理"）的意外事件，而应该被看做是自然对整个人进行再教育的手段。

使用疾病来进行再教育，在一个肺结核患者写给朋友的信中得到了阐明："这种疾病的出现，不仅仅是因为我工作过度或者感染了结核病菌，而且还因为我竭力地想成为我过去没有成为的那种人。过去，我生活得就像'性格非常外向的人'，东奔西跑，同时兼做三份工作，这样就使得自我当中的某一个部分得不到开发和使用，这一部分会沉思、阅读、思考并'邀请我的灵魂参与'，而不是全速地奔忙和工作。疾病的出现是一种要求，也是一个机会，它要我重新发现自我中已经丧失的功能。这就好像疾病是自然说这些话的方式'你必须变成一个完整的自我。如果你不能，那你将会生病；而你只有成为完整的自我，你才能康复。'"我们或许可以补充说，这是一个真实的临床事实，即一些将自己的疾病看做是一次接受再教育机会的人，在得一次重病之后，其在心理与生理上都会比以前变得更为健康，成为更能达到自我实现的人。

这种体验疾病与健康的方式将会帮助我们克服使现代人非常困惑的身体与心理之间的两分法。当一个人从自我的视角来考虑不同的疾病，他会看到，身体的、心理的和精神的（最后这个术语"精神的"，是指在生活中所体验到的绝望和无意义感）疾病都是自我在这个世界中寻找其自身所遇到的同一个困难的不同方面。例如，众所周知，各种不同的疾病可以服务于个体那些可以互换的目的。身体的疾病可以通过为"飘浮不定的"焦虑提供一个焦点而缓解心理的困境——于是这个人就有了某种具体的担忧对象，而这比含糊不清的"漂浮不定的"焦虑要好得多；或者它还可以为那些还没有学会成熟地承担责任的人提供他所需要的不需要负责任的缓解方式。许多人在经历一场流感或更为严重的疾病后，就"缓解"了他的内疚感，尽管这样一种方法可能是非建设性的。因此，只要科学的进步能够治愈白喉症、肺结核以及其他疾病——这种人们虔诚地希望出现的结果——而没有帮助人们克服他们的焦虑、内疚、空虚和无目的性,那么疾病就仅仅只是被压入了另一条通路。这听起来似乎是一种轻率的论断,但是在原则上我相信这么说是正确的。这种以各部分独立的方式与疾病所进行的斗争,就像赫拉克勒斯(Hercules)与生有7个头的许德拉(Hydra)之间的战争一样——每一次他砍掉一个头,另一个就会从原处生长出来。为健康而进行的战争必须在自我整合的更深层次上取得胜利。要强调只有找到比杀死细菌、杆菌和侵入身体的外部生物体更好的方法,并发现帮助我们自己以及其他人确认他们自己的存在以使他们不会生病的方法,这样我们就会在健康方面取得长久的进步,当然这不是在贬低医学新发现的巨大价值。

对自己感觉的意识为第二步——知道自己需要什么——奠定了基础。乍一看,这一点似乎非常简单——有谁会不知道自己需要什么?但是正如我们在第一章所指出的那样,令人惊奇的事情是,事实上很少有人真正地知道。如果一个人诚实地审视自己,难道他不会发现他认为他需要的大多数东西都是日常事务——像星期五吃鱼;或者发现他需要的只是他认为他应该需要的——像在工作中取得成功;或者需要他想要的——像爱他的邻居?在小孩被教会歪曲自己的欲求之前,我们通常可以在他们身上清楚地看到需要的直接、诚实的表达。他会大声地说,"我喜欢冰淇淋,我想要一个蛋卷冰淇淋",在这句话中,关于谁想要什么,一点都不会导致混淆。这样一种欲求的直接表达,通常就像在一片阴沉的土地上吹起一股清新之风。也许在那个时候给他蛋卷冰淇淋并不是最好的,而且如果这个小孩不够成熟,还不能自己作决定的话,那么说行还是不行,显然是父母的责任。但是,请父母们不要通过试图劝服他,说他其实不想要这个蛋卷冰淇淋而教会他歪曲自己的情绪了!

意识到自己的感觉和欲求,丝毫都不含有不分地点、不加区别地将其表达出来的意思。正如我们在后面将要看到的，判断与决定是所有成熟的自我意识的一部分。但是除非一个人一开始就知道他想要的是什么，否则他怎么获得判断该做某事或不该做某事的依据呢？对于一个青少年来说，意识到他对在有轨电车上坐他对面的某位异性或者他母亲怀有性的冲动，这丝毫都不表示，他要依据这些冲动行事。但是假设他由于这些冲动是不被社会接受的而从不让它们跨进意识的门槛，那么情况又会是怎样的呢？那么，若干年以后当他结婚时，他又怎么能知道他与妻子发生性关系是因为他真的想要这么做，还是因为在这个时候这是一种可以接受的、"被期望的"行为，是一件约定俗成的事情呢？

一些人警告说，除非压制这些欲求和情绪，否则它们就会随时随地爆发出来，例如，我们每个人都会被对母亲或者最好朋友的妻子的性欲求所征服，他们所谈的其实是神经症情绪。事实上，我们知道，正是这些被压制的情绪和欲求，在以后会重新出现，强迫性地驱使个体。维多利亚时代陀螺仪型的人必须严格地控制自己的情绪，而由于他们把这些情绪锁在了内心深处，它们最终却使他成了犯法者。但是，一个人越整合，他的情绪就越不会具有强迫性。在成熟个体身上，感觉与需要是以完形的形式出现的。举一个简单的例子，如果将一顿晚餐看做是舞台上一部戏剧的一部分，那他是不会被对食物的欲望所吞噬的；因为他是来看戏剧而不是来吃饭的。再者，当一个人听一位音乐会演唱者演唱时，他是不会被性欲望吞噬的，即使那位演唱者可能非常漂亮动人；完形是根据这一事实来设定的，即他是选择来听音乐的。当然，正如我们在整本书中所表明的那样，我们任何人都无法逃避时不时出现的冲突。但是，这与被情绪强迫性地驱使是不同的。

每一个对感觉和需要的直接、即时体验都是自发的、独特的。也就是说，需要与感觉是特定时间、特定地点中特定情境的独特部分。自发性指的是，能够对整个画面作出直接的反应——或者，用技术性的术语说，对"图形—背景完形"作出反应。自发性是指主动的"我"成为图形—背景的一部分。在一幅好的肖像画中，背景总是画像必不可少的一部分；所以，一个成熟个体的每一个行动都是其与周围世界相联系的自我的一部分。因此，自发性与生气勃勃或自我中心以及不顾周围环境发泄自己的情感是完全不同的。相反，自发性指的是行动中的"我"在某个特定的时刻对某个特定的环境作出反应。独创性与独特性一直是自发性感觉的一部分，我们可以根据这一点对其进行理解。因为就像完全相同的情境过去从来没有出现过，将来也不会出现一样，因此个体在那个时刻的感觉也是新的，永远都不会被完全重复。只有神经症行为才会一成不变地重复。

伴随着重新发现我们的感觉与需要，第三步就是要恢复我们与自我下意识方面的联系。关于这一步，我们将只作一些简要的评论。因为现代人已经放弃了对自己身体的主权，因此他们也放弃了其人格中的潜意识方面，而且它几乎成了他的异己。在前面章节中我们已经看到，伴随着现代人在工业和商业世界中强调有规律的、理性的工作的需要，人们体验的"非理性的"、主观和潜意识的方面受到了非常大的压制。现在，我们需要尽可能地找到并迎回被我们压制的东西。古往今来，甚至从约瑟为法老解梦之前直到现代，人们都将梦视为智慧、指引和顿悟的源泉。但是今天，我们大多数人都认为梦是稀奇古怪的情节，莫名其妙。这便导致自我中非常重要的一大部分被切断了。于是，我们不再能够使用潜意识的许多智慧和力量。就像柏拉图由来已久的比喻中所说的一样，它使我们处在了这样一个位置上，我们拼命地想驱赶战车，而这辆战车的缰绳却只套在一匹马上，另外还有四五匹马将战车拉向不同的方向。虽然潜意识的倾向和直觉与我们的意识知觉隔离开了，但是它们依然是自我的一部分，并且在不同的程度上可以转变为意识。我们越快地恢复对该领域中这一部分的主权就越好。

人的自我寻求

　　详细地探讨关于梦的解释，会使我们偏离本章的主题太远。理解梦当然是一件微妙的、复杂的事情——尽管它不像有些人在阅读众多现代关于梦的解释中那些深奥难懂的象征后所认为的那么复杂。这些深奥难懂的象征将整个问题又变回到了一种外来的语言——而这是我们放弃对自我潜意识方面的主权的另一种方式，或许是典型的现代方式。这就好像是我们在说，权威和那些知道神奇答案的人能够理解我们的梦，但是我们自己不能理解！埃里希·弗洛姆医生在其新作《被遗忘的语言》(The Forgotten Language)中指出，梦像神话和童话故事一样，根本就不是一种外来的语言，相反，它实际上是一种所有人类所共有的通用语言的一部分。我们应该把弗洛姆的书推荐给那些希望重新了解这种下意识的"母语"的非技术性读者。

　　在这一章中，我们只希望对梦和自我的下意识和潜意识方面的其他表现形式表示一种赞同的态度。梦不仅是冲突和被压抑的欲望的表现形式，它还是我们以前学过的（可能是许多年以前学过的，而且可能是自己认为已经忘记的）知识的表现形式。即便是一个没有技能的个体，如果他采取这种态度，即不把梦所告诉他的内容看做是愚蠢的而加以拒绝，那么他也可能偶尔从梦中获得有用的指引。而精通于理解梦中他对自己所说内容的人，能够不时地从梦中获得非常有价值的提示以及关于他的问题的解决方式的顿悟。

　　本章的要点是要表明，一个人越具有自我意识，他就会越有活力。克尔凯郭尔曾说，"意识越强，自我就越完善。"成为一个人指的就是这种增强了的意识，就是这种增强了的"我"(I-ness)的体验，就是这种体验，即我这个行动中的个体，是正在发生的事情的主体。

　　总之，这种关于成为一个人的含义的观点，使我们避免了两个错误。第一个是被动性①——让自己体验中的决定论力量取代自我意

---

① 我用这个词来表示被动的、非建设性的（神经症的）形式。被动的一些形式，如遐想和放松，可能是正常的、建设性的：但是在那些形式中，自我仍然处于意识的中心；是"我"在放松或遐想。

识。必须承认，精神分析旧时形式中的一些倾向可以用来合理化被动性。弗洛伊德阐明，每个人在很大程度上都受到各种潜意识恐惧、欲望和倾向的"驱使"，而且与19世纪所天真地认为的具有"意志力"的人相比，人类事实上不是自己心智的主人，这是一个划时代的发现。但是这种对潜意识力量决定论的强调也带来了一种有害的影响，而这种强调是弗洛伊德自己也部分地屈从的。例如，早期的心理治疗家格罗德克（Grodeck）曾写道，"我们是凭借潜意识而生活的"，而弗洛伊德在一封信中称赞了他对"自我的被动"的强调。为了矫正一种偏颇的误解，我们必须强调指出，弗洛伊德探究潜意识力量的全部目的，是为了帮助人们将这些力量带进意识中。正如他反复说的，精神分析的目标是使潜意识变成意识；扩大意识的范围；帮助个体觉察潜意识倾向（这种潜意识倾向就像掌握了轮船甲板以下反抗力量的水手一样驱使着自我）；并因此帮助个体有意识地指引自己的轮船。因此，本章对增强了的自我意识的强调以及对被动性的警告，与弗洛伊德思想的全部目的是一致的。

这种关于人的观点使我们避免的另一个错误是能动性——也就是说，用活动来作为意识的替代物。我们所说的能动性，指的是在这个国家非常普遍的一种倾向，即认为一个人行动越多，他就越有活力。应该明确的是，我们在本书中使用"主动的我"这个术语时，并不是指忙碌或单纯地做事情。许多人终日忙碌，将其作为掩饰焦虑的一种方式；他们的能动性是一种逃避自我的方式。他们通过忙碌获得一种虚假的、暂时的活力感，就好像只要他们在动着，某些事情就会继续一样，就好像忙碌是其重要性的一种证明。对于这种类型的人，乔叟有一种巧妙的、机敏的评论，这表现在《坎特伯雷故事集》（*Canterbury Tales*）中那位商人所说的话中，"我想，他似乎比以前更忙了"。

我们对自我意识的强调，当然包括作为有活力的、整合的自我之表现形式的行动，但是这与能动性是相对的——也就是说，与把行动作为一种对自我意识的逃避是相反的。现在,活力通常指的是不行动的能力、创造性地享受悠闲的能力——这对大多数现代人来说,可能比做事情更难。罗伯特·路易斯·史蒂文森(Robert Louis Stevenson)曾一针见血地写道,"悠闲需要一种强烈的个人同一性感"。正如我们在前面已经提到的,自我意识将一种更为安静的活力带回了画面中——例如,在西方世界已经处于消失危险之中的凝神与冥想艺术。它使得我们对于成为什么,而不仅仅是做什么有了新的理解。有了这样一种与自我的关系,工作对于我们现代人——伟大的劳动者和生产者——来说,将不再是一种对自我的逃避或试图证明自己价值的方式,相反它是一种那些已经有意识地确定了他与世界和同胞之间关联的人的自发力量的创造性表现形式。

# 第四章
# 存在之斗争

　　但是，难道通往自我意识的道路不是比前一章所表明的布满更多变迁兴败、更多困难和冲突的悬崖峭壁吗？事实的确如此，而且我们现在就来看一下成为一个人的更具动力学的方面。对于大多数人，尤其是那些竭力克服已经妨碍他们成为一个独立个体的早年体验的成年人来说，获得自我意识的过程会卷入斗争和冲突。他们发现，成为一个人不仅像前一章所指出的那样需要学会感觉、体验和需要，而且还需要与那些阻止他们感觉与需要的东西进行斗争。他们发现，总有一些特定的羁绊阻止他们前进。从本质上看，这些羁绊是将他们与父母捆绑在一起的束缚，在我们社会中尤其是指母亲的束缚。

　　我们已经看到，人类的发展是一个从"群体"到作为个体的自由的分化连续统一体。我们还注意到，潜在的个体最初作为子宫中的胎儿是与母亲相连的统一体，它在那里通过脐带自动地得到喂养，母亲或婴儿都不能作出任何选择。当出生后，生理脐带被剪断，胎儿就变成了一个有形的个体，从那以后，喂养就包含了双方某种有意识的选择——婴儿在需要食物时可以哭嚎几声，而母亲可以说行或者不行。但是，婴儿此时仍然几乎完全地依赖于父母，尤其是喂养他的母亲。他成为一个人的过程仍继续经历着数不清的阶段——自我意识随着责任感与自由感的初步出现而初现端倪，上学后离开了父母，在青春期成为一个性成熟的个体，为自己去上大学以及作出职业选择而进行斗争，结婚后承担一个新家庭的责任，如此等等。在人的整个一生中，他都一直处在这个将自己从整体中分化出来的连续统一体中，一步一步地走向新的整合。事实上，所有的演化都可以被描述为是部分从整体中、个体从群体中分化出来的过程，部分也得以在一个更高的水平上相互联系。既然人类与石头或化合物不同，他只有通过有意识的、负责任的选择才能够实现他的个性，那么他必须不仅要成为一个生理的个体，而且还要成为一个心理的与道德的个体。

严格地说，从子宫中出生、割断与群体的联系以及用选择来代替依赖的过程，涉及个体一生中的每一个决定，甚至是个体对于临终前所面临问题的决定。除了是学会独自一人、学会离开整体的连续统一体上终极的这一步外，勇敢地面对死亡的能力还能是为了什么呢？

因此，每个人的一生都可以用一个分化的图表来进行描绘——他能在多大程度上摆脱自动地依赖？在多大程度上成为一个个体？然后在一个自我选择的爱、责任以及创造性工作的新水平上，能够在多大程度上与同伴联系在一起？现在，我们来看一下在这个个体从群体分化出来的过程中所涉及的心理斗争。

## 割断心理脐带

当出生后脐带被割断时，婴儿就成了一个生理的个体，但是除非心理脐带也适时地割断，否则他便仍然像一个被拴在父母前院栅栏上蹒跚学步的小孩。他不能离开绳子长度的范围。他的发展受到了阻碍，而且这种被放弃了的成长自由就会指向内部，使怨恨与愤怒郁积恶化。尽管这些人可能在小孩学步绳子的范围内似乎能够进展相当好，但是当他们面对婚姻、离开家去上班或者最终面对死亡时，就会深感不安。在每一次遇到危机时，他们就会象征性地或确确实实地倾向于"回到母亲身边"。正如一位年轻的丈夫所说，"我不能给我妻子足够的爱，因为我太爱我的母亲了"。他唯一的错误在于他使用"爱"这个字来描述他与母亲之间的关系。真正的爱是扩张性的，绝不会排斥爱其他人；仅仅与母亲联系在一起，这是排斥性的，会妨碍一个人爱他的妻子。在我们这个时代，保持被束缚状态的倾向尤其强烈，因为当一个社会过分崩裂瓦解，以至于它在给予个体最少限度的一致支持的意义上不再是一位"母亲"，个体便倾向于更紧地抱住儿童时期那个有形的母亲。

有一个真实的案例可以帮助我们更具体地看到这些联系以及剪断这些联系所涉及的困难。下面这个案例并不特别；事实上，它的不同寻常之处几乎只有一个，即这位母亲的行为不像许多案例中的母亲那样微妙或有所伪装。一位30岁颇有天赋的男人受到同性恋情感的困扰，他对女性没有任何积极的情感，与此相反，他非常害怕她们。他避免与任何人发生亲密关系，而且他还无法完成获得毕业学位所需的博士学位论文。作为一个独生子，他形成了对父亲的轻蔑，他父亲非常软弱，受母亲的控制。母亲经常当着他的面贬低他的父亲，有一次他无意中听到母亲在争论中这样对父亲说，"你死了比活着对我们而言更有价值，但是你却一直是个懦夫，你害怕结束你自己的生命"。当他去上学时，母亲会仔细地给他穿好衣服，他不会打架，当有必要时，母亲会来学校，保护他不受那些粗野孩子的欺负。她会滔滔不绝地、亲密地向他吐露秘密，告诉他，他父亲让她受了多少的苦，她还要求他帮助她上厕所，这是他非常讨厌做的。甚至在上大学的日子里当他回家度假时，在夜里听到母亲上楼，他就会被吓得感到非常焦虑，唯恐她在他没有穿衣服的时候进他的房间。在他还是一个孩子的时候，她就相当公开地与别人私通，这使他深感不安，而且就像在这种情境中经常发生的那样，这使他更唯恐失掉她的关注。后来在青春期，她竭力阻止他与女孩子约会，而当他无论如何都要去约会时，她又尽力为他安排与那些其家庭能够提高她社会地位的女孩约会。

当他还是一个孩子时，他的钢琴和背诵在学校和主日学校很受重视。一次，他居然不能完成主日学布置的背诵"尊敬你的父母"这一戒律的作业，这使他的父母感到非常尴尬；而且当母亲让他在妇女聚会上弹钢琴时，不管他在此之前对歌曲有多么熟悉，那时却一首也想不起来。他是一个非常聪明的男孩，在学校取得了很多成就，后来在军队中也获得了一些威望，但是这些却被他的母亲用来当做提高她自己在社区中的威望的手段。读者无疑已经注意到，他无法完成博士研究与他忘记钢琴独奏曲的原因在很大程度上是相同的，都是对母亲利用他的成功的反叛。因为保卫自己不让他人利用自己的成功的一种方法就是，不完成他人将会掠夺的所有事情。在他接受治疗期间，他的母亲频繁地来信，信中都是对她较轻微的心脏病的冗长抱怨和描述，并坦率地要求他回家承担对她的责任，还暗示说，如果他不表现出更大的兴趣，她的心脏病就会再次发作。

这位年轻人的问题（我们在前面以一种有些过于简单的方式进行了描述）有好几个方面对我们社会中的许多年轻人来说都是具有典型性的。第一，他遭受了情感的缺乏、性别角色的混乱以及潜能的缺乏——性方面和工作上都是如此。第二个相对典型的方面是家庭模式。我们将会注意到，这个家庭与弗洛伊德在第一次阐述他的俄狄浦斯学说时心里所想的父权制家庭是有天壤之别的。在我们这位年轻人的家中，母亲是居支配地位的人，父亲是软弱的，在儿子的描述中有些受鄙视。第三个方面是，这个男孩得到母亲的偏爱，使他处在了女王丈夫的位置，并取代了父亲的地位，而且只要这个男孩取悦他的母亲，这种优待就会继续。但是"头戴王冠者内心是很难安宁的"。这位年轻人并没有从坐在宝座之上的地位中得到任何真实的安全感和力量感，因为他之所以坐在那里并不是由于他自己的力量，而是由于他是母亲的玩偶。诚然，这个案例中呈现了经典的俄狄浦斯画面，但是却有重要的区别：这个男孩对于阉割（失去他的力量）怕得要死，但是阉割他的是母亲，而不是父亲。父亲根本不是一个对手——母亲已经确保了这一点。这个儿子没有具有男性力量的人可以认同，所以他缺乏成长中男孩力量体验的正常源泉。作为这种力量缺乏的替代，他只有母亲的奉承、纵容和飞扬跋扈的关注。正如所预期的那样，这个年轻人经常会梦到自己真的成了一个王子。他非常自恋，因为这可以补偿他几乎完全没有力量的真实的内部感觉。他会通过不完成事情或者偶尔的口角来对母亲进行一些轻微的反抗，但这仅仅是奴隶对其主人的被动抗议。我们一点都不奇怪这个男人会非常害怕女人；我们也不奇怪他有如此多的内部冲突，以至于他无法在工作、爱或者与他人的亲密关系上取得进展。

怎样才能摆脱这样一种病态的缠结呢？小孩子当然可以暂时地退缩，通过使自己尽可能地微不足道来保护自己不被利用，并因此尽力"躲避残暴命运的弹弓和箭矢"。一位年轻人在回忆童年时期陷于软弱、酗酒的父亲和专横但却长期受苦的母亲之间的交火之中时，用一首诗描述了他是如何看待早年的自己的，

> 你站在桌子边，
> 仍紧紧抱着你的玩具熊……
> 把它弄得那么小，他们将不会
> 找到它……
> 然后剩下你
> 独自一人
> 保卫那些他们不想要的——
> 没有能够找到的东西。

或者——而且也是后来通常会发生的——他能够尽力"拿起武器反对无边大海般的困境"，并为获得他作为一个独立个体的自由而进行积极的斗争。这就是我们现在要讨论的。

## 》与母亲的斗争

为这种自由而进行的斗争，在历史上最伟大的戏剧之一《俄瑞斯忒斯》中得到了很好的表现。让我们通过对这部戏剧的洞察来看一下这个问题。这将对我们有所帮助，不仅因为一种历史的视角能使我们对当前有新的认识，而且还因为像俄狄浦斯或《约伯记》的情节中所体现的关于人类体验的最为深刻的真理，能够在经历了一代又一代的经典形式中最为清晰地看到。

这个关于人类冲突的伟大故事最初是由古希腊的埃斯库罗斯撰写的，最近由鲁宾逊·杰弗斯（Robinson Jeffers）在《超越悲剧之塔》（*The Tower Beyond Tragedy*）中用现代的语言进行了重述。当迈锡尼国王阿伽门农带领希腊军队去攻打特洛伊时，他的妻子克吕泰墨斯特拉却在家与她的叔叔埃癸斯托斯通奸。当阿伽门农从特洛伊回来时，她杀死了他。她还将她那个还是婴儿的儿子俄瑞斯忒斯流放到国外，并使她的女儿厄勒克特拉处于奴隶般的境地。当俄瑞斯忒斯长大成年后，他回到迈锡尼，要杀死他的母亲。在宫殿前面，对着拿着剑的俄瑞斯忒斯，克吕泰墨斯特拉试图通过责怪他的父亲来得到他的怜悯，"我的命真苦，我的孩子"；然后她又用威胁的手段，哭着说，"当心我的诅咒，一个生你的母亲的诅咒！"正如鲁宾逊·杰弗斯所描绘的，当这些策略都没有奏效时，她最终又企图用虚假的爱的表示来诱惑俄瑞斯忒斯，拥抱他，并热烈地吻他。他突然变得浑身瘫软，剑掉在了地上，说，"我将要被牵着走了，我感觉迟钝了。"关于这种突然的、呆滞的被动性，令人吃惊之处在于，它是今天每一个心理治疗师在许多年轻人的案例中都曾非常鲜明地观察到过的，这是一种在与专横的母亲进行斗争中突然失去潜能的举动。只有到后来俄瑞斯忒斯注意到母亲利用他这一刻的被动性很快召集她的士兵，并且意识到她所谓的爱根本就不是爱，而是一种要将他掌握在股掌之中的策略时，他才奋力起身，重新获得力量并开始了战斗。

后来，俄瑞斯忒斯真的疯了。他受到"复仇女神"的追逐，她们用她们"盘绕着纠缠在一起的蛇"的头发惩罚"夜的精灵"。这些是希腊神话中的人物，是自责与坏良心的人格化，这里又一次让我们惊讶的是，古希腊人已经如此敏锐而确切地描述了这些让人不能入睡的、而且可能将人逼出神经症甚至精神病的咬噬人心的内疚之象征。

俄瑞斯忒斯在复仇女神的驱使下无法入睡，疲倦不堪，直到最后他来到了特尔斐，双臂环绕着阿波罗的祭坛倒下了，他在那里得到了短暂的放松。后来，在阿波罗的保护下，他被送到了雅典，在那里，他在一个由雅典娜主持的大法庭前接受了审判。这个需要作出决定的重大问题是，一个杀死专横的、剥削子女的父母的人是否应该被判有罪。因为审判的结果在现实中对人类的未来非常关键，奥林匹斯山上的许多神也来参加了这场辩论。在许多轮发言后，雅典娜让陪审团出来裁决，她恳求他们不要"从高权威的高墙内进行投票"，要保存"神灵和神圣恐惧的敬畏"，并且要避免一面的"无政府状态"和另一面的"卑屈的主人身份"这两种危险。陪审团进行了投票；结果赞成的票数和反对的票数各占一半。于是，雅典娜自己，作为公民美德、客观公正以及明智的女神，必须投上这决定性的一票。她向法庭宣称，人类要进步，人们就必须摆脱这些心存憎恨的父母，甚至是杀死他们。而由于她的投票，俄瑞斯忒斯被判无罪。

在这个没有任何修饰的轮廓之下，存在着一场人类情感的可怕战争以及一场人类体验中最为深刻和最为根本的冲突。故事的主题是杀死母亲，而其意义实际上是俄瑞斯忒斯，这个儿子为他作为一个人的存在而进行的斗争。它不亚于那场一个心理的和精神的人为"生存还是毁灭"而进行的斗争。正如雅典娜以及其他人在审判的发言中所清楚表明的那样，这是一场以克吕泰墨斯特拉和来自于黑暗地下的厄里倪厄斯（复仇女神）三姐妹的精神为代表的"旧的"方法、习俗、道德与阿波罗和雅典娜倡导并通过俄瑞斯忒斯的行为体现出来的"新的"方法、习俗、道德之间的辩论。当然，这个故事可以从社会学的角度进行解释，像埃里希·弗洛姆在其著作《被遗忘的语言》中所做的一样，将其解释为是新的父权制反对旧的母权制的斗争。但是，我们在这里关注的是这种冲突的心理学含义。

以其引人入胜的心理学敏锐触角，埃斯库罗斯指出，"俄瑞斯忒斯别无选择，只能登上高峰"，而如果他不这么做的话，他将永远"病魔缠身"。而且在全剧即将收场的顶峰，埃斯库罗斯让希腊合唱队唱响了"曙光已经来临，黎明渐渐清晰"。这就是说，由于俄瑞斯忒斯的行为，新的曙光和阐释已经来到了这个世界上。

对许多人来说，当我们将其与今天的问题联系起来时，这部戏剧最令人震惊的事情不是其中关于俄瑞斯忒斯的一切，而是在于其含义，即现在有一些母亲就像克吕泰墨斯特拉。诚然，克吕泰墨斯特拉是一个极端的人物；没有任何人的动机是真正纯粹的恨、爱或权力与欲望，相反是这些动机的复杂组合。的确，克吕泰墨斯特拉更可以被看做是一个象征，而不是一个人——是一种关于父母"驱逐"并扼制孩子潜能的专横、权威主义倾向的象征。而且，通过希腊文学中常见的深刻性和勇气，这部戏剧也确实直截了当地呈现了这些基本的人类冲突。我们现代大多数人由于接受的是快餐饮食，会发现这种药太过浓烈，不适合我们的口味。

杀死父母指的是什么？在俄瑞斯忒斯的例子中，这场斗争的本质是，成长中的个体反对压制其成长与自由的权威力量的斗争。在家庭圈子中，这些力量有时指父亲，有时指母亲。事实上，弗洛伊德认为，这或多或少是普遍的真理，即父亲与儿子之间存在冲突——父亲将竭力放逐儿子，夺走他的力量，要"阉割"他的儿子；而儿子将像俄狄浦斯一样，杀死他的父亲以获得他自己存在的权利。但是，我们现在知道，俄狄浦斯"情结"并不是普遍存在的，而是取决于文化与历史的因素。弗洛伊德是在"德国父亲"的社会里成长的。而有大量的证据表明,在这个国家的 20 世纪中期,有些家庭中占支配地位的人物是母亲,而不是父亲,而这些人现在差不多是 20 岁到 50 岁,他们所呈现出来的最大问题是其与母亲的关系,而俄瑞斯忒斯神话是他们所认为的最为深刻地表达了他们自身体验的神话。我所说的这些话不仅是以我在专业心理治疗中所接触的病人的深切感受和梦为基础,而且也是我与之交谈过的其他心理治疗师的经验。正如我们在前面所描述的那个案例,那位儿子经常受到母亲的束缚,因为他学会了只有通过取悦她才能获得奖赏。这就好像是儿子的潜能只有在为了实践母亲的高期望时才能实现一样。当然,只有在其他人的要求下才能获得的潜能根本就不是力量。因此,显然,只有到他能够摆脱母亲的束缚时,他才能使用自己的力量来发展作为一个人的自我或者去爱其他人。

在我们描述与专横母亲之间的冲突时,有些读者可能会想起最近流行的关于"尊母"的争论。

我不想假装知道在对"尊母"的指责中有多少是事实。但是我猜,大量"阴险恶毒的一代"所撰写的著作都是咒骂母亲的一种方式,而使他们如此愤怒的隐藏在表面之下的真实原因是他们自己对母亲的依赖。尽管这可能是事实,但正如精神病医生爱德华·A·斯特雷克(Edward A. Strecker)所指出的那样,有大量的证据表明"这个国家的制度正开始变得类似于母权制了"。精神分析学家埃里克·埃里克森在《儿童与社会》(Childhood and Society)中讨论这种母权制发展的起源时,感觉到"与其说妈妈是一个胜利者,还不如说她们是受害者",而且美国的母亲是被迫坐上权力的位置的,因为父亲——一个星期有 5 天在城里工作,只有周末在家——放弃了家庭中的中心地位。"只有当父亲变为'爸爸'时,母亲才能成为'妈妈'。"

母权制是一回事,但是我们还有一个问题,为什么在我们现代母权制里妇女行使的权力中有这样一种苛求他人的特质。我们应该顺便强调一下，我们现在谈论的不是当前这一代的母亲；她们大体上是困惑混乱的。我们社会中出现的这些问题尤其来源于上一代的母亲。我不知道这种情形的心理社会原因。我们所能做的只是指出，就像上面引用案例中年轻人的那个要阉割他的母亲一样，这些接受心理治疗的病人的母亲，其行为方式似乎是她们遭受了某种巨大的失望。克吕泰墨斯特拉说，她所做的一切都是"出自于一种古老的仇恨"。当然，没有人会像克吕泰墨斯特拉那样竭力滥施如此利用他人、苛求他人的权力，除非有很合理的理由；通常情况下，这种理由是，她自己受到了极大的伤害，而且她感觉到保护自己将来免受伤害的唯一办法就是支配他人。在我们社会中，难道上一代女人不是被赋予了一些巨大的期望，认为她们可以从男人那里得到很多东西吗？难道这是边缘心理学的结果吗？在这种边缘心理学中，女性有特殊的与维多利亚后期的态度融合在一起的价值观，当时妇女被置于受人尊敬的地位之上。然后这些妇女不是被赋予了这种期望，即认为她们将永远会受到优待吗？而在这个过程中，她们作为女人的功能不是以某种方式遭受了根本性的挫折吗？事实上，我们知道，维多利亚后期这一代妇女是在性方面受到了很大挫折的一代，而且很可能在其他方面也遭遇了挫折。因为当妇女在边缘备受尊崇，而且与此同时又被期望去开化这一边缘地带时，她们怎么能够仅仅喜欢做女人并满足于做女人呢？我们这个问题的答案是不是可以这样说，这一代母亲被引导去期望从男人那里得到美好的东西，在对其丈夫感到深深的失望后，于是以对儿子的过分占有和支配来发泄这种失望呢？

也许所有这些论点都与我们这个特定社会中的母子关系有关联。但是，希腊人不满足于仅仅从社会学和心理学的角度提出这些问题，他们进一步撼动了我们讨论的基础，非常朴素地认为，母亲与孩子之间可能有某种生物学联系，这使得小孩脱离母亲变得如此困难和艰难。戏剧中的这一事实提出了这个问题,即投票赞成宽恕俄瑞斯忒斯的女神是雅典娜——正如她自己所说的,这个女神"从来都不知道母亲生她的子宫为何物",而是完整地穿着衣服从父亲宙斯的前额中蹦出来的。

这是一个思考起来非常惊人的观点。没有受益于子宫而得以出生就已经够令人惊异了,但是当我们考虑希腊人让雅典娜成为智慧之神这一事实的含义时,就更令人感到惊愕了。她说她投票赞成宽恕俄瑞斯忒斯,是因为她从未在子宫中生存过,所以属于"新"派。这是否就意味着,人类从依赖、偏见与不成熟走向独立、智慧、成熟的人生历程是如此困难,由于与生理、心理脐带的联系而如此步履蹒跚,以至于神话中智慧与公民道德女神必须被描绘成一个绝没有必要与脐带进行斗争的神呢?我们知道,与父亲相比,婴儿与母亲更亲近,他在她的子宫里酝酿诞生,被她的奶水喂养长大:希腊人是不是在暗示,既然孩子是母亲的血中之血、肉中之肉,那他将会一直受到与母亲关系的束缚,而且与母亲的关系将一直倾向于是保守而非革命性的,更多地指向于过去,而不是将来呢?希腊人很有头脑,他们不至于会暗示说,智慧存在于一个没有任何关联的真空之中;或者说这种联系本身有什么问题。但是,他们可能是指,回到子宫中去的倾向象征了如俄瑞斯忒斯所说的得到"庇护"、倒退、变得"被动"、"迟钝"的诱惑,而作为一个个体的成熟和自由与这些倾向是相反的。这就是他们的智慧女神"从来都不知道子宫为何物"的理由吗?

我们将把这些问题留给读者,让他们去寻找适合的答案,现在再回来讨论俄瑞斯忒斯。因为我们这里真正感兴趣的是,作为处于情感冲突中的人们的原型,这个年轻人是如何获得他作为一个人而生存的自由的。在俄瑞斯忒斯杀死母亲后处于短暂的精神失常中时,他常徘徊于树林之中,"视觉出现了问题"。鲁宾逊·杰弗斯在他的版本中写道,后来,俄瑞斯忒斯回到了迈锡尼的宫殿中,他的姐姐厄勒克特拉

人的自我寻求

邀请他继承父亲的位置成为国王。俄瑞斯忒斯惊奇地看着他的姐姐，问她怎么会如此没有识别能力，竟认为他做杀死母亲这件可怕的事情，仅仅是为了继承阿伽门农的位置成为迈锡尼的国王。不，他已经"不再属于这个城市"，他已经决定要离开。厄勒克特拉认为他的问题在于他"需要一个女人"，提出要嫁给他。于是他大声地说，"你成克吕泰墨斯特拉了"，并指出，他们不幸家庭的全部问题就在于乱伦。在树林中挣扎着前进时，他继续说，

> 我看到一个我们的幻象在黑暗中移动，所有
> 我们所做和梦想的一切
> 相互凝视着，男人追逐着女人，
> 女人依附着男人，勇士与国王们
> 在黑暗中紧紧抱在一起，所有人都被爱着
> 或者内心在斗争，每一个迷失的人
> 找寻着他人的眼睛，好让他人
> 赞美自己；从来不找寻自己的眼睛，而是其他人的。
> 当他们向后看时，他们仅仅看到一个人
> 站立在原点，
> 或者向前看时，他们看到一个人在终点；或者向上看时，他们看到许多人
> 在惨淡的天空中，昂首阔步，恣意欢宴。
> 这就是你们所称的神……
> 这一切都转到了你的内心，你所有的欲望
> 都是乱伦的……①

就他自己而言，俄瑞斯忒斯决定，他"将不会在内心中空耗"。

---

① Robinson Jeffers, "The Tower Beyond Tragedy," from *Roan Stallion*. 重印得到 Random House 的允许，版权属于 Boni & Liveright，1925 年。

## 第四章 | 存在之斗争

他告诉他的姐姐，如果他答应她的恳求并留在迈锡尼，那他将"像一个行尸走肉"——也就是说，他将会失去他作为一个人的独特本性，而且他将会变得毫无活力。在他走出去，"走向人性"，离开迈锡尼这个乱伦的温床时，他用一句话作出了总结，"我爱上了外面的世界"，这句话作为人类心理整合的目标，回荡在几个世纪的时空里。

俄瑞斯忒斯在这几句话中好几次使用了"内心"、"外部"这两个术语，而且，他说在迈锡尼主要的问题是"乱伦"，这绝非偶然。因为乱伦仅仅是指向家人内部以及与之相对应的不能"爱外面的世界"的性与生理的象征。从心理学上讲，当乱伦欲望在青春期以后还继续存在时，就是对父母的病态依赖的性症状，它们主要发生在还没有"长大"、还没有剪断将他们与父母联系在一起的心理脐带的个体身上。因此，性满足与孩子在母亲喂养他们时所获得的口欲满足没有太大的区别。而且，正如俄瑞斯忒斯所说，乱伦关系中还有突出的一点是被他人赞美的需要，"也就是，其他人应该赞扬他"。

以其独特的诗歌敏锐力，杰弗斯借俄瑞斯忒斯的口说，甚至这些人的宗教也是乱伦的。他们在天空中所看到的只是他们自己的投影，他们称"那些昂首阔步、恣意欢宴的人"为神。他们的神不是新的、更高的抱负和整合水平的表现，而是他们自己想回到婴儿期的依赖之需要的表现。当然，从宗教和心理学上讲，这与耶稣所宣称的正好相反，"我来不是带来了和平，而是带来了刀剑。因为我来是使一个人反对他的父亲，使女儿反对她的母亲，使媳妇反对她的婆婆。而且一个人的敌人就是他自己家里的人"①。显然，耶稣不是在宣讲憎恨与分裂本身，相反他是想用最激进的形式来声明，精神的发展要远离乱伦，要朝向爱邻居及陌生人的能力迈进。如果某人仍受束缚于自己的家人，那"他自己家里的成员将真的会成为他的敌人"。

---

① Matthew 10：34-36.

在几乎每一个社会中都会发现的对乱伦的禁忌，从这个方面讲，它具有合理的心理—社会价值，即它有助于引进"新鲜的血液"和"新的基因"，或者更确切地说，它有助于增加变化与发展的可能性。乱伦不会对婴儿产生生理上的伤害：它仅仅使婴儿身上相同的遗传特征增加了一倍，并剥夺了若父母与家族之外的人结婚他将具有的种种可能性。这就是说，反对乱伦的禁令有助于人类发展中更大的分化，它要求，整合不是通过同一，而是在一个更高的水平上实现。因此，我们可以补充一下我们在本章开头所作的陈述，即作为人类生活历程的分化的统一连续体，要求远离乱伦，并朝向"爱外部世界"的能力发展。

## 》 与自身依赖性的斗争

显然，俄瑞斯忒斯这部戏剧的寓意不是让每一个人都拿一把枪杀死自己的母亲。正如我们已经表明的那样，我们要去杀死的是具有依赖性的婴儿期联系，这种联系将个体与父母束缚在了一起，并因此使他无法爱外部世界，无法独立地进行创造。

通过一个决定突然开始并以一种巨大的自由的爆发来进行操作，不是一件简单的事情，它也不能通过一次反对父母的大"爆发"而完成。像所有戏剧一样，俄瑞斯忒斯这部戏剧也将"存在之斗争"浓缩成了几个星期。而实际上在现实生活中，这是一件长期的事情，是朝向新的整合水平的艰难成长——成长不是指一个自动的过程，而是指再教育、发现新的洞见、作出有自我意识的决定并始终愿意面对偶然的或频繁的痛苦斗争。一个接受心理治疗的人通常必须在花几个月走出他的模式后，才能发现他受到了多大的束缚而自己却不自知，才能一次又一次地看到，这种束缚是他无力爱、无力工作或者无力结婚的基础。然后，他会发现，这种成为一个独立个体的斗争通常会带来相当大的焦虑，有时会带来某种真实的恐惧。像俄瑞斯忒斯的短暂精神失常一样，那些为脱离这些束缚而进行斗争的人会经历可怕的情绪不安和冲突，这并不奇怪。从本质上看，这种冲突是离开一个受到保护的、熟悉的地方而走向独立，是离开支持走向暂时的孤独，而与此同时他又感觉到自己的焦虑与无力感所产生的冲突。当个体已经不能在先前的发展阶段中成长时，这种斗争就会以一种非常严重的（即神经症的）形式呈现出来；因此神经症冲突便出现了，而最终的脱离就会更具创伤性、更彻底。由于先前的憎恨、乱伦关系以及迈锡尼人际关系的不健康，俄瑞斯忒斯与母亲之间的冲突不得不以这样一种创伤性的方式出现。

是什么使得个体受到父母的束缚呢？埃斯库罗斯以典型的希腊人的方式，将这个问题的根源描述为是客观的——在迈锡尼这个皇室家族中某种邪恶之事持续了几代人，所以俄瑞斯忒斯别无选择，只能杀死自己的母亲。莎士比亚以典型的现代的方式，认为哈姆雷特那种与此相似的"存在之斗争"是一种内在的、主观的与他自己的良心、内疚感、矛盾的勇气与优柔寡断之间的冲突。事实是，埃斯库罗斯和莎士比亚都是对的：这种斗争既是内在的，也是外在的。个体在生命之初所经受的权威主义束缚是外在的：成长中的婴儿，无论他是一个被父母利用的孩子，还是一个生在反对反犹太主义偏见的国家的犹太婴儿，都是外部环境的受害者。这个小孩必须面对并用尽种种办法来适应这个他出生于其中的世界。但是，在所有人的发展中，这种权威主义的问题逐渐地变为内在的：这个成长中的个体接受了这些规则，并把它们植入了他自身之中，而他整个一生中都倾向于表现得好像他仍然在与那些将奴役他的原初力量作斗争。但这种斗争现在已经变成了一种内在的冲突。幸运的是，在这一点上还有一个让人开心的寓意：既然个体已经接受了这些压制性力量，并使其在自身中发挥作用，那么他自身中也应该有力量来克服它们。

因此，对于那些已经开始重新发现自我的成人来说，这场战斗主要是一种内在的战斗。为成为一个人而进行的斗争在个体的内部进行。诚然,我们任何人都不能避免去反对那些喜欢利用他人之人或者环境中的外在力量,但是我们必须进行的关键性心理战斗是,反对我们自己的依赖性需要以及在我们走向自由的过程中将会出现的焦虑和内疚感。总之,基本的冲突是个体寻求成长、发展、健康的部分与那个渴望停留于一个不成熟的水平、仍然依赖于心理脐带并以失去独立性来换取父母的假性保护和纵容的部分之间的冲突。

## 》与自身依赖性的斗争

我们已经看到,成为一个人意味着要经历个人自我意识的几个阶段。第一个阶段就是婴儿在自我意识出现之前的天真无知。第二个是反抗的阶段,此时个体竭力想获得自由以建立某种属于他自己的内在力量。这个阶段可以在两三岁的小孩或者青少年身上看到,而且像在俄瑞斯忒斯为其自由而进行斗争的极端形式中所表现出来的一样,可能会夹杂着挑衅和敌意。从各个不同的程度上说,反抗都是个体在切断旧的联系并寻求建立新的联系这一过程中的必要过渡。但是,我们不可以将反抗与自由相混淆。

我们可以称第三个阶段为正常的自我意识。在这个阶段,个体能够在某种程度上看到他自己的错误,考虑到自己的偏见,将自己的内疚感和焦虑看做是可以从中进行学习的体验,并且能够负有某种责任心地作出决定。这就是大部分人在他们谈到人格的健康状态时所指的意思。

但是,意识还有第四个阶段,从大部分人都很少体验到它这个意义上说,它是非同寻常的。当某个人突然得到关于某个问题的顿悟——出其不意地、似乎从天而降地冒出来那个他苦思冥想了好多天却仍没有结果的问题的答案时,这个阶段就能够得到非常清晰的论证。有时候,这些顿悟出现在梦中,或者出现在个体考虑其他问题而陷入的沉思中：无论如何，我们知道，这个答案出自于人格之中我们所称的下意识层面。这种意识可能会以同样的方式出现在科学、宗教或艺术活动中；有时人们通俗地称之为观念的"开窍"或"灵感"。正如所有从事创造性活动的研究者都清楚知道的，这种意识水平存在于所有创造性工作中。

这个水平应该怎么称谓呢？因为它隐约窥探了客观真理，可以像在一些东方思维中那样称它为"客观自我意识"吗？或者像尼采那样将其称为"自我超凡意识"吗？或者像伦理—宗教传统中那样称其为"自我超越意识"吗？所有这些术语都澄清了这个概念，但又都有些歪曲。我建议使用创造性自我意识这个术语，虽然它不那么惹人注目，但是对于我们这个时代而言它可能更能让人满意。

对于这种意识，经典心理学中所使用的术语是出神。从字面上看，这个词的意思是"处于忘我的境界"，也就是说，从个体通常采用的有限观点之外的某个视角认识某物或者体验某物。通常情况下，一个人所看到的周围客观世界总是多少会受到这一事实的歪曲和蒙蔽，即他是主观地来看这个客观世界的。作为人类，我们都是通过个人的眼睛看到一切，而且每个人都是通过他自己的个人世界对其进行解释的；也就是说，我们总是会遇到一种主观与客观的两分法。这第四个意识水平超越了主观与客观之间的这种分裂。我们可以暂时地超越有意识人格的通常界限。通过我们所谓的顿悟、直觉或者其他创造性活动中所涉及的只是被模糊理解的过程，我们可以隐约地窥探现实中所存在的客观真理，或者在如一种无私之爱的体验中，感觉到某种新的道德可能性。

这就是俄瑞斯忒斯在杀死母亲之后在树林中徘徊时他的思维中所体验到的东西。

......他们并没有谈论这件事情，
去超越事情，超越时空，

> 成为所有时代的所有一切……
>
> ……我怎样才能表达我所发现的
>
> 美好，它没有颜色，但清晰明亮；
>
> 它没有蜂蜜，却让人入迷……它没有欲望，但
>
> 臻于完美，没有激情，但却安宁……①

为了不让一些读者因为杰弗斯的诗歌语言而难以理解这一点，我们可以来强调一下，俄瑞斯忒斯所表达的意思可以用心理学术语来进行相当好的描述。这只是这个事实更进一步的阶段，即他已经能够克服迈锡尼那些人只能在他人的眼睛中看到自己的倾向，他们"所有的一切都朝向内部"，所有人都专注于自己偏见的投影中，而他们却自负地将其命名为"真理"。相反，"朝向外部"指的是在想象中穿透自己当前所知道的东西。正如尼采以及几乎其他所有伦理学作者所做的一样，指出这一点并非不科学的感伤，即在实现自我过程中的人都会经历一个"超越自我"的过程。这仅仅是正在成长中的、健康的人类的基本特征的一个方面，即他每时每刻都在扩大他对自我以及他的世界的意识。西蒙·德·波伏瓦（Simone de Beauvoir）在她关于伦理学的著作中指出，"生命总是忙于使自己永久存在并且超越自己，如果它所做的一切只是为了维持自己的话，那活着就仅仅是没有死而已，而人类的存在就无法与愚蠢的植物区别开来了……"

这种创造性自我意识是一个我们大多数人都很少达到的阶段；而且除了圣者（不管是宗教的还是世俗的）和伟大的创造性人物，我们都不能在很大程度上生活于这一水平。但是，正是这一水平赋予了我们处于较低水平的行动和体验以意义。许多人可能在某个特殊的时刻体验过这种意识，例如听音乐的时候、获得某种新的爱或友谊体验的时候，这将暂时地将他们带出其通常的、墨守的生活常规。这就好像

---

① Robinson Jeffers, "The Tower Beyond Tragedy," from *Roan Stallion*.

是一个人暂时地站立于高山之巅,并从一个广泛的、不受限制的视角来看待他自己的生活。从他在山巅的视角,个体得到了他的方向感,并描绘了一幅心理地图,在以后的几周里,当努力变得沉闷,而"灵感"由于缺失而变得显著时,这幅地图将耐心地指引他在稍低一些的山坡上沉重缓慢地爬上爬下。因为事实,即在某个时刻我们能够看到真理而不受自己偏见的蒙蔽,能够不求任何回报地爱其他人,能够在我们完全专注于做某事时所出现的出神中进行创造——我们已经拥有这些隐约认识这一事实,为我们以后的所有行动赋予了一个意义和方向的基础。

《圣经》中那些关于为了自己所信仰的价值观而牺牲自己生命的陈述所指的就是这第四个水平。因此,在这个意识水平上确实有一种忘我的存在。但是,忘我这个词不是一个恰当的术语;从另一种意义上讲,这种意识是人类存在最为实现的状态。

我们不能强求我们正在讨论的这种意识,而且正如我们已经说过的,它通常出现在接受与放松的时刻,而不是行动的时刻。不过,对从事创造性活动的人进行研究所获得的证据是,即使这个顿悟本身可能会在出现某个已经暂时停下来的时刻,但是他们确实会获得对那些他们已经坚持不懈地、孜孜不倦地深思过的特定问题的重要顿悟。例如,人们不能控制自己的梦,但是倘若他积极地关注于梦中所做之事,并能够训练自己对所做之梦的敏感性保持着警醒,那么他就能从梦中获得富有成效的顿悟了。

当尼采在谈到歌德时,他描述了这个具有创造性自我意识的人:"他训练自己成了一个完整的人,他创造了他自己……这样一种已经获得了自由的精神,带着快乐的、让人深信不疑的宿命论,屹立于宇宙之中,他坚信……从整体上看,所有的一切都得到了拯救和确定——他不需要再否定了。"

## 第三部分
# 整合的目标

# 第五章
# 自由与内在力量

如果一个人的自由被完完全全、毫不夸张地夺走了，那么在他身上将会发生什么样的事情呢？我们将以一个用想象建构的寓言来探讨这个问题。这个寓言可以被称为

### ▶▶ 被关在笼子之中的人

一天傍晚，在一片遥远的土地上，有一位国王正站在他的窗前，隐约地听着宫殿另一端接待室里飘出来的音乐声。国王由于刚刚参加了一次接待而感到浑身疲乏，他望着窗外，脑子里泛泛地想着世间的事情，但没有考虑某件特定的事情。他的目光落到了下面广场中一个男人的身上——显然是一个普通人，他正走向那个拐角处想乘电车回家，许多年以来，他每个星期有 5 天都要走这同一条路线。国王在想象中追随着这个男人——描画着，他回到了家，敷衍地吻了吻妻子，吃过晚饭，询问孩子们是否一切都好，读读报纸，上床，或许与妻子做爱，或许不做，然后睡觉，第二天早上又起来去上班。

突然，一种好奇心占据了国王的思想，这使他有一会儿忘记了自己的疲乏，"我想知道，如果将一个人像动物园里的动物一样关在一个笼子里，会发生什么样的事情呢？"

因此，第二天国王叫来了一位心理学家，告诉了他自己的想法，

并邀请他来观察这个实验。然后,国王让人从动物园搬来了一个笼子,而那个普通人被带来关到了里面。

开始时,那个人仅仅表现出了困惑,他不停地对站在笼子外面的心理学家说,"我必须要去赶电车,我得去工作,看看什么时间了,我上班要迟到了"!但后来到下午时,那个人开始清醒地意识到了所发生的事情,然后他强烈地抗议,"国王不能对我这么做!这是不公平的,是违法的"。他的声音强而有力,他的眼睛里充满了愤怒。

在那个星期接下来的时间里,那个人继续着他的强烈抗议。当国王散步经过笼子时(就像他每天所做的),这个人会直接地向这位最高统治者提出抗议。但是这位国王每次都会回答说,"看看这里,你能得到大量的食物,你有一张这么好的床,而且你还不需要去工作。我们把你照顾得这么好——所以,你为什么还要抗议呢?"接着几天以后,这个人的抗议减轻了,接着过了几天就停止了。他静静地待在笼子里,通常情况下拒绝谈话,但是心理学家能够在他的眼睛里看到仇恨像烈火一样在燃烧。

但是几个星期以后,心理学家注意到,在国王每天提醒他说他被照顾得很好后,他似乎越来越好像会停顿一下——仇恨会推迟一点时间然后重现在他的眼睛中——就好像是他在问他自己,国王所说的话是否有可能是事实。

又过了几个星期,这个人开始与心理学家讨论,说一个人被提供食物和安身之所是一件多么多么有用的事情,说无论如何人都必须按照自己的命运生活,并且说接受自己的命运是明智之举。所以,当有一天,一群教授和研究生来观察这个被关在笼子里的人时,他对他们非常友好,还向他们解释说,他已经选择了这种生活方式,说安全感和被照顾是非常重要的,还说他们一定能够看出来他的选择是多么合情合理,等等。多么奇怪!心理学家想,而且还多么可怜——他为什么要那么努力地想要他们赞同他的生活方式呢?

## 第五章 自由与内在力量

在接下来的几天，当国王走过庭院时，这个人便会在笼子中隔着栅栏极力奉承讨好国王，并感谢他为他提供了食物和安身之所。但是当国王不在院子中，而他又没有意识到心理学家在边上时，他的表情则迥然不同——闷闷不乐、愁眉不展。当看守人隔着栅栏递给他食物时，他经常会打掉盘子或弄翻水，然后他又为自己的愚蠢和笨拙而感到尴尬不安。他的谈话开始变得越来越单一不变：他不再谈论关于被照顾之重要性中所涉及的哲学理论，相反他开始只说一些简单的句子，像他一遍又一遍反复说的"这是命"这句话，或者仅仅是咕咕哝哝地自言自语，"就是命运"。

很难说这个最后阶段是何时开始的。但是，心理学家开始觉察到，这个人的脸上似乎已经没有了特别的表情：他的微笑不再是奉承讨好的，而仅仅是空洞的、毫无意义的，就像是婴儿在肚子被笑气麻醉时所做的鬼脸。这个人依旧吃着食物，不时地与心理学家谈几句话；他的目光是遥远而模糊的，而且尽管他看着心理学家，但似乎他从来都没有真正地看到他。

而且现在，这个人在他毫无条理的谈话中，再也不用"我"这个词了。他已经接受这个笼子了。他不再有愤怒，不再有仇恨，也不再有合理化。但是现在他却已经精神错乱了。

那天晚上，心理学家坐在自己的会客室里，竭力地想写出一篇总结报告。但是他却很难想到恰当的措辞，因为他感觉到自己内心有一种巨大的空虚。他不停地用这些话来尽力消除自己的疑虑，"据说，什么也不曾失去，物质仅仅是转变成了能量，然后能量又转变回了物质。"但是他还是情不自禁地感觉到，某种东西确实已经失去了，在这个实验中，宇宙的某种东西已经被带走了，剩下的就只有一片空白。

### ▶ 作为否认自由之代价的仇恨与怨恨

在上面这个寓言中，有一点应该要特别注意，当那个人意识到自己被监禁以后，在他心中汹涌着仇恨。这一事实，即当人们不得不放弃自己的自由时便会产生非常巨大的仇恨，证明自由对于他们而言是一种必不可少的价值观。在现实生活中不得不在很大程度上放弃自己自由的人，经常在表面上会接受这种情境并"适应"这种放弃，就像在儿童时代经常出现的，当他那个时候对某事无能为力时，便会放弃某种作为一个人的权利和空间。但是我们无须穿透这个表面就会发现，某种别的东西已经进来填补了这个空白——那就是，对那些强迫他放弃自由的人的仇恨和怨恨。而且通常情况下，这种郁积在内心的仇恨与他被夺走的作为一个人而存在的权利的多少是成正比的。诚然，这种仇恨是被压抑的；因为奴隶是不允许向其主人表达仇恨的想法的；但是这种仇恨是存在的，并且可能会爆发出来，例如，就儿童而言，会出现诸如在学校成绩不好、过多的身体疾病或者过了尿床的年龄还继续尿床等症状。事实上，对一个人来说，放弃了自由而没有另外的东西进来恢复内心的平衡是不可能的——这种东西是当他的外部自由被剥夺时从内部自由中产生出来的——而这种东西就是对其征服者的仇恨。

仇恨或怨恨通常是个人阻止自己在心理或精神上自杀的唯一方法。它具有保存某种尊严和某种个人自己的同一性感的功能，就好像是这个人——或人们，如一个民族——在心中默默地对其征服者说，"你们已经征服了我，但是我还保留有恨你们的权利"。在严重神经症或精神病的案例中，通常非常清楚的是，这个被早先的不幸状况逼到绝境的人，还在他的仇恨中保留着一座内心的城堡，这是他尊严与骄傲的最后痕迹。就像福克纳（Faulkner）的小说《坟墓的闯入者》（*Intruder in the Dust*）中那个黑人，他对征服者的那种轻蔑使自己仍然保持有一种独立的同一性，尽管外部条件已经剥夺了他作为人的基本权利。

而且，在治疗案例中，如果一个人被严重剥夺了其行使作为一个人的力量的权利，那么他在一段时间后便不能感觉或表达自己的仇恨与怨恨了，预后是没什么效果的。就像是小孩子坚持反对父母的能力对其成为一个自由的人是非常重要的一样，所以，这个受伤害的个体最终去恨或者感觉到愤怒的能力，是其反对其压迫者的内在潜能的标志。

对于如果人们放弃了他们的自由，他们就一定会产生仇恨这一事实，另一个证明可以在这个事实中看到，即极权主义政府必须为它的人民提供某个发泄仇恨的对象，这种仇恨是由于政府剥夺了他们的自由而引起的。在希特勒的德国，犹太人和"敌国"成了替罪羊，而现在斯大林主义必须将俄国人当中所存在的仇恨转向"好战的"西方国家。正如在小说《1984》中清晰表明的，如果一个政府要开始夺走人民的自由，那它就必须吸走他们的仇恨，并将这种仇恨指向外部群体——否则，人民将会起来反抗、患上集体性精神病或者在心理上变得"毫无感觉"、毫无生气，从而他们作为人或者作为战斗力量便没有什么可取之处了。这便是麦卡锡主义最为恶毒的方面之一：它利用这个国家中许多人对那些使我们在朝鲜陷于困境的人，即俄国共产党人的无力的仇恨，将市民的这种仇恨转向了他们自己的同伴。

我们当然并不是说仇恨或怨恨本身是好的东西，或者说健康人的标志在于他们有多大的仇恨。我们也不是说发展的目标是让每一个人都恨他的父母或者那些拥有权力的人。正如我们在下面将要看到的，仇恨与怨恨是具有破坏性的情绪，成熟的标志是将它们转换成建设性的情绪。但是人类将会摧毁某种东西——从长远看通常都是他自己——而不是放弃他的自由这一事实，证明了自由对他而言是多么重要。

就像在许多其他现代文献中一样，我们在卡夫卡的著作中也可以看到这幅令人沮丧的关于那些已经失去了反对其起诉者这种能力的现代人的画面。《审判》中的主人公K被逮捕了，但是他却从来都没有被告知他犯了什么罪。他从法庭找到法官，找到律师，又重新找到法庭，委婉地抱怨，请求别人向他解释他因何而被指控，但是他却从未宣称过自己的权利，从未划一条界线，说，"超过这条界线，我是不会退却的，不管他们是否会杀了我"。在教堂里，牧师朝他大声叫道，"难道你什么都不明白吗"？——这一声尖锐刺耳的声音缺乏中产阶级和教士应讲的礼貌，但却表现了一个有更为深刻的尊严的人对另一个人的担忧——这句话中有这样的意思，"难道你心中没有一点活力吗？难道你从来都不能站起来坚持自己的权利吗"？在小说的结尾，两个刽子手来到K面前，他们给了他一把刀，让他自尽。这部悲剧对人类丧失其最后一点点尊严的最高证明是，他甚至不能够了结自己的生命。

就像40年前性冲动不能被承认，20年前愤怒和攻击被看做是对于一个美好社会而言不合礼节的举动一样，在今天的习俗圈子中，一个人也不应该承认自己的仇恨。尽管这些消极的情绪可以被看做是偶然的失误而忽略不计，但是它们是不符合温和宽厚、自我控制、泰然自若、适应良好的资产阶级市民的理想画面的。

因此，仇恨与怨恨通常受到了抑制。现在这已经是一种众所周知的心理倾向，即当我们压抑一种态度或情绪时，我们通常会在表面上表现出或假定一种与其相反的态度来保持平衡。例如，你可能经常会发现你自己对不喜欢的人会表现得特别有礼貌。如果相对而言你没有太多的焦虑，那么通过这种拘谨的礼貌，你也许可以引用圣保罗（St. Paul）的话来对自己说，"我善待我的敌人是为了'以德报怨使他感到惭愧后悔'"。但是如果你是一个没有太多安全感的人，在发展的过程中不得不面对一些更困难的问题，那么你可能会竭力地劝服自己，说你自己"爱"这个你所恨的人。例如，如果一个人非常依赖于专横的母亲、父亲或其他权威，那么他将对那个人表现得好像他"爱"他的样子以掩盖自己的仇恨，这并不是不同寻常之事。就像一个扭住对手的拳击手，他所紧紧抱住的那个人正是他的敌人。在现实生活中，人们并不以这种方式摆脱仇恨和怨恨；人们通常将这些情感移植到其他人身上，或者将它们转到自己内部变为自我怨恨。

因此，对于我们来说，能够坦诚地面对自己的仇恨是非常重要的。而且既然怨恨是仇恨在有礼貌的、文明的生活中通常呈现的形式，那么我们面对自己的怨恨就甚至变得更为重要。我们社会中大多数人在审视自己时，可能意识不到任何特别的仇恨，但是他们无疑会找到许多的怨恨。也许怨恨之所以在个体竞争的第四个世纪是一种非常常见的、惯常而具有腐蚀性的情绪，是因为仇恨通常已经被压抑了。

而且，如果我们不坦诚地面对自己的仇恨和怨恨，那它们早晚将倾向于转变成一种对任何人都不会有任何好处的情感，即自怜。自怜是仇恨和怨恨"留存"的形式。这样人们就能够"看护"他的仇恨，通过为自己感到难过，用这种想法安慰自己，即认为自己的命是多么苦，自己已经遭受了多少的苦难，以此保持他的心理平衡——并制止自己采取任何行动。

弗里德里希·尼采非常痛苦和深刻地感觉到了现代关于怨恨这个问题。事实上，他再一次从现代人心理冲突的中心谈起，因为像当代其他许多感觉敏感的人一样，他也反抗对自由的剥夺，但是却从未完全地超越反抗这个阶段。尼采的父亲是一位路德教的牧师，在他还是一个小孩子的时候，父亲就去世了，他是在一种荒谬可笑的氛围中由亲戚带大的，尼采对于其德国背景的压制性方面感到痛苦，但同时他又一直处于反对这种压制性的斗争之中。从精神上（如果不是从教义上）讲，他自己是一个非常笃信宗教的人，他看到了怨恨在他那个社会的习俗道德中所起的非常重要的作用。他感觉到，这种被压抑的怨恨使中产阶级感到了彻骨之痛，而这种怨恨却是以"道德"的形式间接地出现的。他宣称，"……怨恨是我们道德的核心"，而且"基督教的爱是对无力的仇恨的模仿……"① 今天如果有谁希望得到关于所谓的由怨恨激发的"道德"的例证，那么他只需去看一下某个小镇上的闲谈。

甚至那些认为尼采的观点是片面的（事实上确实如此）人也将会同意，没有人能够真正地去爱、获得道德或自由，除非他已经坦诚地面对并克服了他的怨恨。仇恨与怨恨应该被用作是重新建立自己真正的自由的动机：我们只有这么做，才能将这些具有破坏性的情绪转换成为建设性的情绪。而第一步就是知道我们所恨的是谁或是什么。以处于独裁政府统治之下的人民为例，他们起来反抗以重新获得自由的第一步应该是，将他们的仇恨转回来指向独裁权力本身。

仇恨与怨恨能暂时地保存个体的内在自由，但是早晚他都必须运用仇恨来建立他在现实中的自由和尊严，否则，他的仇恨将会摧毁他自己。正如有人在一首诗中所指出的，其目标在于"恨是为了赢得新生"。

## 》 自由不是什么

如果我们先来看一下自由不是什么，那么我们就能够更为清楚地理解自由是什么。自由不是反抗。反抗是走向自由的正常的间歇性行动：当小孩通过说"不"来竭力施展其独立的力量时，反抗在某种程度上就出现了；当青少年竭力独立于父母时，反抗就会更为清楚地发生。在青少年时期（可能在其他阶段也会出现），反对父母所代表之物的反抗力量通常会非常强烈，这是因为这个年轻人此时正在同自己走出家庭、走进世界的焦虑作斗争。当父母说"不要"时，他通常会大声地违抗他们，因为这个"不要"正是他感觉到他自己那个怯懦的一面所说的话，他自己的这一面会受到诱惑想在父母的保护墙下寻求

---

① W. Kaufmann, *Nietzsche*, Princeton University Press, 1950, p. 91.

庇护。

但是反抗经常与自由本身相混淆。它成了暴风雪中的一个假避风港，因为它给了反抗者一种虚假的感觉，以为可以真正地独立了。反抗者忘记了，反抗总是以一个外部结构——规则的结构、法律的结构、期待的结构——为先决条件来反对他们所反抗的东西的；而个人的安全、自由感以及力量实际上是依赖于这些外部结构的。它们是"借来的"，就像随时都可能被收回的银行贷款一样，也可能随时被拿走。从心理学上讲，很多人都停留在反抗这一阶段。他们的内在道德力量感仅仅来自于知道哪些道德习俗是他们所不实践的；他们通过宣称自己的无神论和怀疑来获得一种拐弯抹角的确信感。

20世纪20年代的心理活力很大一部分都来自于反抗。这在F·斯科特·菲茨杰拉德（F. Scott Fitzgerald）和D. H. 劳伦斯（D. H. Lawrence）的小说中得到例证，而且在某种程度上也能从辛克莱·刘易斯（Sinclair Lewis）的小说中得到例证。在阅读F·斯科特·菲茨杰拉德的《天堂这边》（*This Side of Paradise*）以及他的其他被他那个时代不受束缚的年轻人视为圣经的小说时，我们现在很有趣地注意到，那时吻了一个姑娘或者其他在我们现在看来仅仅是小过失的行为举止，都会引起人们的狂怒。D. H. 劳伦斯在他的小说《查太莱夫人的情人》（*Lady Chatterley's Lover*）中，进行了一场巨大的讨伐运动，宣称了这种观点，即其丈夫已经瘫痪的查太莱夫人，有权利接受那个碰巧在庄园里工作的工人作她的情人。如果是今天的一位小说家来撰写这部小说，他几乎会认为没有必要将她的丈夫描绘成是一个瘫痪者，因为现在对于性自由几乎不会引起任何争论。

这并不是说这些观点本身不值得进行严肃的讨论——像"自由恋爱"、养育孩子方面的"自由表达"等观点。而是说，人们在界定它们时总是带有否定的含义，在很大程度上都是根据他们所反对的东西来给它们下定义的。我们反对对爱的外部强制，我们反对严格地剥夺孩子们的自由发展。以后者为例，那么强调的重点就在于父母禁止做的事情——他禁止去干涉，而且在这种教义的极端形式中，父母必须允许孩子们做任何他想做的事情。人们没有看到，这样一种没有结构的生活实际上增加了孩子们的焦虑。人们也没有看到，父母显然要为孩子的行为承担大量的责任，而且积极的自由是由父母在对其孩子作为一个人（实际的以及潜在的）的真正尊重这种背景中做到这一点构成的，他给予孩子发展其潜能所有的现实空间，而且他还要求孩子不要歪曲他的需要和情绪。

我们当中那些在 20 世纪 20 年代后期正上大学的人都还记得，我们从那些事业和改革运动中，从如此坚定地知道我们所反对的是什么，是战争、性禁忌、试婚、纵酒狂饮、禁酒或者其他什么中，得到了多么强烈的力量感啊。但是，今天那种意义上的反抗将很难找到听众了。伟大的反对崇拜偶像者 H. L. 门肯（H. L. Mencken）是那些年月中负有盛名的牧师；而且似乎校园中每一个人都在阅读他的东西。现在谁还读他的东西呢？现在这种反抗只会让人觉得厌烦。因为没有规定的准则要去反抗时，人们便不能从反抗中获得力量。这并不是那个要收回贷款的银行：银行已经完全倒闭了，任何贷款都不再具有任何价值。到我们这个世纪中叶，可以追溯到 19 世纪的摧毁过程——这种摧毁是准则改变的一个方面——已经发挥了它的作用，而我们现在得到的就是空虚和迷惑。就像 F·斯科特·菲茨杰拉德早期所写的那些人一样，"所有悲哀的年轻人"因亲吻一个姑娘而获得一种力量感；但是既然现在这已经是"司空见惯"，而且已经不再能给人以特别的力量感，那么这些年轻人就不得不在其自身中寻找他们的力量，但是在很多情况下他们却找不到。

既然反抗者是在对现有的准则和习俗的攻击中获得其方向感和活力的，那么他就没有必要建立自己的准则。反抗充当了一种替代物，是经过斗争以获得自己的自主性、自己的信仰，获得一种作为重建之基础这样一个更为困难的过程的替代物。这些自由的消极形式使自由与放纵混淆了起来，而且使人们忽视了这一事实，即自由绝不是责任的对立面。

另一个常见的错误是，将自由与无计划性混为一谈。现在有一些作者认为，如果这种自由放任的——"让每一个人做他想做的事情"——经济体系随着历史的进程而发生改变，那么我们的自由就会随之消失。这些作者的论据通常大致如下："自由就像是一种生物。它是不可分割的。而如果个体拥有生产资料的权利被剥夺的话，那他便不再拥有以自己的方式谋生的自由。这样他就可能没有任何自由了。"

好，如果这些作者是对的，那么这将真的是一种不幸——因为这样的话，谁还能拥有自由呢？除了极少数的人，你、我以及其他任何人都不能拥有自由——因为在这个大工业的时代，不管如何都只有极少数的公民能够拥有自己的生产资料。正如我们已经看到的，在过去的几个世纪里，自由放任是一个了不起的主意；但是时代已经改变了，现在几乎每一个人都凭借附属于某个大团体而谋生，如附属于某个工业、某个大学或某个工会。与过去几个世纪那个创业者的世界或我们自己拓荒那个年代的世界相比，现在这个世界在很大程度上已经成了一个更为互相依赖的世界；而自由只能在经济共同体和工作的社会价值这一背景中才能得到体现，而不是在每个人都建立自己的工厂或大学之中。

幸运的是，如果我们保持我们的视角，那么经济的相互依赖就不会摧毁自由。回到将一封信从这个海岸送到那个海岸是一种冒险的时代，小马快递也是一个了不起的主意。但是当然，我们是心怀感激的——尽管我们现在可能会抱怨邮政服务——现在当我们给一个在另一海岸的朋友写信时，我们根本就不用考虑其传递方式；我们贴上一张航空邮票，将信扔进邮箱，然后就将其忘到脑后了。这就是说，我们可以自由地将更多的时间和关注放在给朋友的信息、我们在信中的理智与精神交流上，这是因为在一个由于专门的通信系统而变得越来越小的世界上，我们根本没有必要如此的担心信是如何传递到朋友那里的。我们在理智和精神上都变得更为自由，而这恰恰是因为我们接受了自己在经济方面与同伴的相互依赖中的位置。

159　　我经常在想，为什么会有这样的焦虑和这样的一种强烈要求，认为自由将会丧失，除非我们保持旧时的自由放任惯例。难道这不是出现以下这一事实的原因之一吗？即现代人为了他的日常工作以及社会习俗的大众模式而如此彻底地放弃他内在的心理与精神自由，以至于他感觉到，他所仅存的自由的痕迹是这个经济扩张的机会。难道他不是已经使得在经济上与其邻居相竞争的自由成为其个性的最后一点点残迹，而这因此也必须代表自由的全部含义吗？这就是说，如果市郊的公民不能每年买部新车，不能建一栋比其邻居家更大的房子，不能将房子漆成与邻居家稍微不同的颜色，那他可能就会觉得他的生活将会毫无意义，可能会觉得他将无法作为一个人而存在吗？在我看来，这种对竞争性的、自由放任的自由的着重强调，表明我们已经在很大程度上丧失了对自由的真正理解。

　　诚然，自由是不可分割的；而这恰恰就是为什么我们不能将其等同于某个特定的经济学说或生活片段，尤其是不能将其等同于过去的一个片段的原因；它是一种有生命的东西，而其生命恰恰来自于这个完整的人如何将自己与其同伴群体相联系的方式之中。自由意味着开放，它是一种成长的准备状态；它意味着可以变通，意味着乐于为了人类更大的价值而作出改变。将自由等同于某一个既定的体系是对自由的否定——它定形了自由，并将其变成了教条。用这样一种防御性的托词，即如果我们失去某种在过去发挥过良好作用的东西，那我们将会失去所有一切来墨守着一种传统，这既不能表现自由的精神，也不利于自由的未来成长。如果我们竭力效仿他们的勇气，像他们那样敢于大胆地思考，像他们那样也为我们这个时代制定出最为有效的经济措施的话，那我们将忠于那些勇敢无畏的人、那些最早的工业家以及西方世界16到19世纪的商业家和资本家，我们还会忠于我们自己国家那些独立自主的边疆居民。

本书是关于心理学，而不是经济学或社会学的著作；而我们触及了更为广泛的画面仅仅是因为人类一直是生活在一个社会世界之中的，而这个世界制约着他的心理健康。我们仅仅是想提出，我们在社会和经济方面的理想是，这个社会将为在其之中的每一个人提供最大的机会来实现他自己，来发展和运用他的潜能，并使每一个人都能作为一个能够给予其同伴尊重并从同伴那里得到尊重的人而从事劳动。因此，这个完美的社会是一个给予其人民以最大自由的社会——自由被积极地界定为实现人类更大价值的机会，而不是消极和防御性的。我们因此可以得出，像在法西斯主义中一样，集体主义也是对这些价值的否定，因此，我们必须不惜一切代价加以反对。但是只有当我们致力于更好的积极理想，即主要在对人及其自由的真正尊重的基础上建立一个社会时，我们才能成功地战胜它们。

## ▶▶ 自由是什么

自由是人参与他自己的发展的能力。它是我们塑造自己的能力。自由是自我意识的另一面：如果我们不能够意识到自我，那我们将像蜜蜂或柱牙象一样，被本能或历史的自动进程推动着前进。但是通过我们可以意识到自我的力量，我们能够回想起昨天或者上个月做了什么，而且通过对这些行动的学习，我们能够影响（即使这种影响非常小）今天的行为方式。而且我们能够在想象中描画明天的某种情境——例如一次晚餐约会、一次求职会面或者一次董事会的会议——而且通过在想象中反复考虑不同的行动选择，我们能够挑选出将对自己最为有利的那一个。

自我意识给了我们力量，使我们能够置身于刺激与反应之间刻板的链条之外，使我们可以在刺激与反应之间有所停顿，而且通过这种停顿，我们可以权衡一下问题的两个方面，从而决定将要作出的反应。

自我意识与自由的相配表现在下面的事实中，即一个人的自我意识越弱，他就会越不自由。这就是说，他越多地受控于抑制作用、压抑以及那些他已经有意识地去"遗忘"但却仍然在潜意识中驱使他的儿童期条件作用，他就越会受到那些他无法控制的力量的推动。例如，当人们第一次前来进行心理治疗时，通常会抱怨他们在许多方面都受到"驱使"：他们经常会突然感到焦虑、恐惧，或者在学习或工作中无缘无故地受阻。他们是不自由的——这就是说，他们受到潜意识模式的束缚和驱使。

在心理治疗进行几个月之后，一些很小的变化可能会开始出现。这个人开始有系统地回想起他的梦；或者在某一次治疗过程中他主动地提出他想换一个话题，想就另一个问题得到一些帮助；或者有一天当心理治疗师说了某些东西的时候，他能够说出他感到非常愤怒；或者他以前对什么都从未有过多少感觉，但现在他能够哭了，或者突然能够自然而然地、开怀地笑了，或者能够说出他不喜欢玛丽，但确实喜欢卡罗琳，尽管他与玛丽是多年的老朋友。以这样一些看起来似乎非常微不足道的方式，他的自我意识随着他指导自己生活的能力的增强而初露端倪。

随着这个人获得越来越多的自我意识，他的选择范围和自由也会成比例地增加。自由是逐渐增加的，带着自由的一种要素作出选择，就会使得更为自由地作出下一个选择成为可能。自由的每一次行使都会扩大自我这个圆圈。

我们并不是暗示说，在人们的生活中没有无数的决定论影响。如果你想说我们是由我们的身体决定的，是由我们的经济状况决定的，是由我们碰巧生活在 20 世纪的美国这一事实决定的，如此等等，那我会同意你的看法；我还可以补充许多表明我们被心理方面的东西所决定，尤其是被我们没有意识到的倾向所决定的方式。但是无论人们怎样为决定论的观点进行辩护，他还是必须承认存在有这样一个边缘地带，在其中，敏感的人能够意识到是什么在决定着他。而且即使在开始的时候只是以一种非常微细的方式进行意识，但是对于将如何对那些决定着他的因素作出反应，他还是能够说上一些的。

因此，自由表现在我们如何与生活中的决定性现实发生联系的方式上。如果你打算写一首十四行诗，那你会意外地碰到押韵的规律、格律以及遣词造句的必要性方面各种各样难以对付的现实问题；或者如果你要建造一栋房子，那你在决定使用砖头、灰浆以及木料方面也会遇到各种问题。重要的是你必须了解你的原料并接受其局限性。但是，正如阿尔弗雷德·阿德勒过去经常强调的，你在十四行诗中所说的内容，是属于你的独特的东西。你所建房子的样式和风格，是你带着自由的一种元素，使用特定材料的现实进行创造的产物。

"自由对决定论"的争论是基于错误的基础的，就像认为自由是一种被称为"自由意志"的绝缘电按钮是错误的一样。自由表现在个人生活与现实的一致性上——现实其实是非常简单的，就像是休息与进食的需要，或者最终的现实就是死亡。迈斯特·爱克哈特（Meister Eckhart）在一次敏锐的心理学忠告中表达了这种关于自由的观点，"当你受到挫折时，发生故障的是你自己的态度"。当我们不是通过盲目的必要性，而是通过选择来接受现实时，这就涉及了自由。这就意味着，对于局限性的接受根本就没有必要成为一种"放弃"，相反可能而且也应该是自由的一种建设性行动；而且相对于如果他没有必要与任何局限性作斗争，这样一种选择很可能在这个人身上产生更富于创造性的结果。致力于自由的人不会浪费时间来反抗现实；相反，正如克尔凯郭尔所说的，他会"赞美现实"。

让我们选取一个情境为例，在这个情境中，人们受到了极大的控制，即当他们患了某种疾病，如肺结核的时候，他们的每一个行动几乎都会受到这些事实的严格控制，即他们住在有严格摄生法的疗养院里，必须在某个时间休息，一天只能散步15分钟，等等。但是世界上的人们适应疾病现实的方式是迥然不同的。一些人自暴自弃，简直就是坐着等死。另一些人做着他们应该做的事情，但是他们一直对于"自然"或"上帝"让他们患上这样一种疾病的事实耿耿于怀，而且尽管他们表面上遵从这些规则，但内心里却在反抗。这些病人通常不会死，但是他们也不能痊愈。就像是生活中任何领域的反抗者一样，他们一直保持着平稳的状态，永远在原地踏步。

然而，还有一些病人能够坦然地面对他们得了非常严重的疾病这一事实；当他们躺在疗养院走廊的床上，经过长时间的沉思冥想，他们让这一悲剧性事实沉入意识之中。他们在自我意识之中探寻，想知道他们在以前的生活中有什么不妥当的地方，以至于他们患上了这种疾病。他们将生病这一残酷的决定性事实看做是获得新的自知之明的途径。这些病人能够最佳地选择并确定战胜疾病的方法以及进行自我约束——这些方法和自我约束绝不可能被制定成规章制度，而且每天都会发生变化——它们能够使得这些病人最终战胜疾病。这些病人不但获得了身体的健康，并且通过这次患病的体验而最终使他们自己得到了拓展、充实和强化。他们肯定了自己了解以及塑造决定性事件的基本自由；他们可以运用自由来面对某一严格决定的事实。没有认真负责地选择健康的人是否能够真正地获得健康，而那些确实选择了健康的人是否由于患了一场疾病而能够成为一个更加完整的人，这一点还不确定。

凭借他审视自己生活的能力，人能够超越决定他的当前事件。无论他是身患肺结核的病人，是像罗马哲学家爱比克泰德（Epictetus）那样的奴隶，还是一个被判处了死刑的囚犯，他都仍然能够自由地选择如何去适应这些事实。而他如何适应像死亡这样一个冷酷无情的现实事实，对他来说比死亡这个事实本身更为重要。在像苏格拉底决定喝下一种伞形科有毒草类植物的汁液而绝不妥协这样的"英雄"行为中，自由得到了最为鲜明的说明；但更为有意义的是，在一个像我们现在这样的发狂的社会中，任何一个朝着心理与精神的完整发展的人都在平淡无奇地、平稳地、日复一日地行使着自由。

因此，自由不仅仅是一个针对某一特定的决定说"是"或"否"的问题：它是我们塑造自己、创造自己的能力。用尼采的话来说，自由是"成为真正的我们"的能力。

## 》 自由与结构

自由绝不是出现在真空中，它不是一种混乱的状态。在本书的前面部分，我们曾指出儿童的自我意识是怎样在他与父母的关系结构中诞生的。而且我们还曾强调，人类的心理自由是在与他那个世界中的其他重要他人之间持续不断的相互作用中发展起来的，而不是好像他是一个荒芜小岛上的鲁宾逊·克鲁索一样。自由并不是意味着要竭力孤独地生活。不过它确实是说，当一个人能够面对自己的孤独时，他就能够在他与这个世界，尤其是与周围其他人这个世界的关系结构中，有意识地、带有一定责任心地选择行动。

在法国存在主义领袖让·保罗·萨特（Jean Paul Sartre）的一些著作中，我们可以看到当结构没有得到充分强调时可能出现的荒谬结果。在萨特的小说《理性时代》（Age of Reason）中，其主人公显然是被描写成了一个能够自由行动的人，但实际上他却经常凭着一时的兴致行事，而且他还优柔寡断，他的行动受到每天夜里一再出现的性欲、他的情妇对他的期望以及其他偶然发生的外部事件的激发。结果，在阅读这本书时，读者有了一个空虚与空洞的印象，在略感厌烦的同时他不禁想问，"谁在乎呢？"这部小说所引起的情绪状态，与萨特在理论中所拥护的对个体及其自由的关注是完全相反的。在萨特的戏剧《红手套》(The Red Gloves)中,那位作为共产主义者的男主人公缺乏果断性,无法完成行刺那个独裁者的任务,只有当他发现他的妻子被那个人拥在怀中时,他才最终在刺激之下杀了他。因此,这部戏剧的评论者将这位主人公的行为表现描述为(而我认为这是不公正的)像一个已经成年的童子军,他尤其具有强烈的性嫉妒心理。

萨特的以及其他各种类型的存在主义的本质是,相信个体具有非常关心其自由与内在完整的能力,必要时能够为了自由和内在完整而死或自杀。萨特的存在主义诞生于法国最后一次战争的抵抗运动中,萨特与其他人一起以极大的勇气投入了这场战争;而且抵抗运动似乎从这次为法国自由而进行的战争中获得了其大部分的活力与结构。但是正如从法国回来的旅行者告诉我们的一样,当这样一次运动成了一种非自然的一时风尚,成了巴黎年轻的业余艺术爱好者重整旗鼓的机会时,这次运动就变得有点不对劲了。

我们同意萨特派的基本观点,即认为个体无法求助于他必须自己作出最后决定这一必然性,而且他作为一个人的存在完全取决于这些选择;归根结底,要自由而独立地作出这些决定不仅在比喻意义上,而且也确确实实地需要一种焦虑的痛苦和内心的斗争。但是人类能够以某种自由作出选择,并且他们有时候将会为了这种自由而献身(二者都是非常奇怪的事情,它们与任何关于自我保存的简单教义都迥然不同)这一事实,却暗含了关于人性和人之存在的一些深刻的东西。没有人将会为了一场辩论中持否定意见的一方,或者任何否定性学说而死。一个人可能会为了一项失败的事业而死,但是他的死是为了一些强有力的积极价值观,如他自己的尊严与完整。萨特派观点的空洞性源自于其没有分析那些他公开承认他将致力于的自由的先决条件。随着萨特的存在主义越来越偏离法国的抵抗运动,人们不禁想问,它将会发生什么样的事情。一些敏锐的批评家说,它可能会走向独裁主义：蒂利希认为它将可能走向天主教。

我们在这里的目的不是要详细地论述个人与世界之间关系的结构具体说来应该是什么样子的。关于这一点存在有许多不同的观点。希腊人称其为"逻各斯"（logos，因此"逻辑"这一术语为 logical）。斯多葛学派用了"自然法则"这个概念，这个概念指的是人们要想生活幸福就必须遵从的生命的既定"形式"。在 17 和 18 世纪则存在着对"普遍理性"的信仰。我们只是想强调，古往今来爱思考的人们都在以不同的方式试图描述某种结构：他们每一个人都有意识或潜意识地采用了某种他在其中行动的结构。大多数人倾向于采用一些源自于他们的潜意识顺从的规则，以与社会的期望保持一致。我们已经描述的"从众"和"权威主义"都是我们这个时代的许多人在潜意识当中采用的结构。总之，最好是有意识地问问自己的自我，你所采用的是什么样的结构。

当然，得出一种关于结构的恰当观点，是一个需要哲学、宗教、伦理学以及各种社会科学（包括心理学）一起共同解决的问题。在该书中，我们涉及的主要是心理学，而且我们已经从以心理学的角度认识有关结构问题的个人需要与关系中提出了一些证据。在接下来的章节中，我们将进一步地论述这个问题，即什么样的结构——在伦理学、哲学与宗教领域——有助于个体潜能的最充分实现。

## 》"选择自己的自我"

自由不是自动出现的；它是通过努力获得的。而且它不是一朝一夕就获得的；它必须通过每天的努力才能获得。正如歌德在浮士德所得到的最后教训中强有力地表达的：

"是的！我执著地坚守着这一观念；
智慧的最终结果表明它是对的：
只有那些每天都在重新征服自由和存在的人

才能获得自由和存在。"

获得内在自由的基本步骤是"选择自己的自我"。克尔凯郭尔这句听起来有些奇怪的话的意思是,要肯定自己对自己的自我与存在的责任。这是与盲目的力量或一成不变的存在状态相对立的态度:它是一种充满活力的、具有果断性的态度;它意味着一个人承认他存在于宇宙中某一个特定的点上,而且他接受为这种存在而必须承担的责任。这就是尼采的"生活意志"所包含的意思——不是简单的自我保存的本能,而是接受自己是自己的自我这一事实并且接受实现自己的命运这种责任的意志,而这反过来又意味着接受一个人必须自己为自己作出基本的选择这个事实。

通过看一下其反面——选择不存在,即选择自杀,我们就可以更清楚地了解选择自己的自我与自己的存在的含义。自杀的重要性不在于实际上有大量的人杀死自己这个事实。事实上,除了精神病患者外,自杀是很少出现的事件。但是心理学与精神意义上自杀的想法具有更为广泛的含义。有一种自杀叫心理自杀,在这种自杀中,一个人并不是通过某种特定的行动来结束自己的生命,他死了是因为他已经选择了——也许他自己并没有完全意识到这一点——不活。我们也经常听到像前不久发生的一艘渔船沉没这样的灾难性事件。一个20多岁的年轻人在波浪滔滔的海水中,与一个老人一起紧紧抱着一块浮木漂了大约一个小时,他跟那个老人说他觉得自己还太年轻,还不应该死。最后,他说,"我完了;再见,大爷",说完他松开了浮木,沉入了水中。当然,在一个显然还留有一些力量的人却似乎放弃并结束了自己的生命这一事实中,我们并不知道他内心的心理过程;但是我们可以这样合理地猜测,某种内在的选择不活下去的倾向在起着作用。

还有一个例证是在一些人的生活中,他们全身心地致力于某些任务,如照顾一个生病的他深爱的人,或者完成一项重要的工作。他们在困难的环境中坚持不懈地工作,就好像他们已经决定了他们"必须"活下去一样；而当任务完成，当"成功"已经取得时，他们就会结束自己的生命，就好像是由于内心的某个决定。克尔凯郭尔在 14 年的时间里写了 20 本书，他在 42 岁便早早地完成了这些书，然后——我们几乎可以说"最后"——他走向他的床，死了。

这些选择不活的方式表明选择或活下去是多么重要。这一点还不确定，即一个人是否只有到他能够坦然地面对他可能会消灭自己的存在但是他选择不这样做这个可怕的事实以后，他才能真正地开始生活，也就是说，开始肯定并选择自己的存在。既然人有死的自由，那他就也有活下去的自由。常规的众多模式已经被破坏了：他不再作为父母怀上他、像因果循环的单调工作中一个微乎其微的部件而成长与生活、结婚、生孩子、变老以及死亡的一个偶然结果而存在。既然他本来可以选择死，但是他没有这样选择，那么他从那以后的每一个行动都会由于这个选择而在某种程度上成了可能。他的每一个行动也因此而具有了其特别的自由元素。

实际上在人生的某个阶段，人们经常会经历心理自杀的体验。我们将呈现两个例证，希望借此能使这一基本论点变得清楚明晰。一个妇女认为，除非某个特定的男人爱她，否则她将无法活下去。当她嫁给另一个人后，她反复地考虑自杀。在她苦思冥想这种想法好几天的过程中，她想象着，"嗯，假定我已经自杀了"。但随后她突然想到，"在我自杀以后，从其他方面来讲活着将仍然是一件美好的事情——太阳依然照耀，水依旧给身体带来凉意，人们仍然能够做着事情"，而且她心里缓缓出现了这种想法，可能还有某个人是她将会爱上的。因此，她决定活下去。假定这个决定的作出是因为积极的原因而不是由于对死亡或惰性的恐惧，那么这一冲突可能实际上已经给予了她某种新的自由。这就好像是她依恋于那个男人的部分确实已经自杀了，因此她能够开始新的生活。这就是埃德娜·圣·文森特·米莱（Edna St. Vincent Millay）在《复活》（Renascence）中所描述的日益增

人的自我寻求

加的活力：

> 啊，我从大地里迸发而出
> 用这样一种声音向着这片土地欢呼
> 这个声音似乎不能被听到，我救了一个人
> 他曾已经死去，而现在又得以重生。①

或者，一个年轻人感觉到他可能永远都不会幸福，除非他能获得一定的名声。让我们假定他是一个副教授，他开始意识到他是有能力、有价值的；但是他在这个梯子上爬得越高，他就越清楚地看到，总是有人在他之上，"被召集的人有很多，但是被选上的却非常少"，而且无论如何，能够获得名声的人是非常少的，而他可能最终只是一个优秀的、称职的教师。于是他可能会感觉到自己就像一粒沙子一样无足轻重，他的生活毫无意义，他也许还不如不活了好。在他越来越沮丧的精神状态下，自杀的念头慢慢地出现在他的脑海中。早晚他还会想到，"好吧，假定我已经自杀了——那又怎样呢？"他突然想到，如果他自杀以后重返人间，那即使是一个不出名的人，他的生活中也将有许多要做的事情。于是可以说，他选择了继续活下去，而没有了对功名方面的要求。这就好像是他身上那个没有名声便活不下去的部分确实已经自杀了。而且在对名声这一要求的去除过程中，他可能还认识到了作为副产品的这一点，即总之，那些产生持久的欢乐与内在安全感的事情与外在的、变化无常的公众舆论标准是几乎没有任何关系的。于是与恩斯特·海明威（Ernest Hemingway）的话"谁他妈的老想着一夜就成名？我想写出一些好东西"中所包含的轻浮的智慧相比，他可能意识到的还要更多。最终，由于这种部分的自杀，他可以澄清自己的目标，不再为了名声而劳作，而是通过实现自己的潜

---

① 选自"Renascence"，in *Renascence and Other Poems*，Harper & Brothers. 版权属于 Edna St. Vincent Millay, 1912 年，1940 年。

能，通过寻找和教授客观的真理，通过作出更多独特的源自于自身完整性的贡献，获得更多的快乐感。

我们将再一次强调，这些部分的心理自杀的实际过程比上面那些例证所表明的要复杂得多。实际上，一些人——也许是大多数人——在不得不放弃某一要求时会朝着相反的方向行事：他们会退缩，限制自己的生活，变得更为不自由。但我们只是希望说清楚，部分自杀有其积极的一面，而且一种态度或需要的消亡可能会导致另一种新的东西的诞生（这是自然中的成长法则，根本就不局限于人类）。一个人能够选择除却一种神经症策略、一种依赖性、一种依附性，然后他就会发现，他能够选择作为一个更为自由的自我而生活。我们例子中的那位妇女无疑会更清楚地发现，她对那个她几乎为其自杀的男人的所谓的爱，实际上根本就不是爱，而是与操控这个男人的欲望相平衡的依附性寄生状态。一种增强了的对生命的意识以及一种增强了的责任感通常会随着一种部分自我的"死亡"而出现。

当一个人有意识地选择活下去以后，另外两件事情就会发生。第一件是他对自己所承担的责任呈现了新的含义。他接受了对自己的生命所承担的责任，认为那不是强加于他身上的东西，不是被迫承担的负担，而是一种他自己已经选择的东西。对于这个人来说，他自己现在是由于他自己所作的一个决定而存在的。诚然，任何有思想的人都会在理论上意识到，自由与责任是不可分割的：如果一个人没有自由，那他就是一个机械的人，显然不存在诸如责任这一类的东西，而如果一个人不能对自己负责，那我们就不能把自由给他。但是当一个人已经"选择了自己"，自由与责任这种伙伴关系就成了一个绝好的观念：他在自己的意向中体验这种伙伴关系；在他选择自己时，他意识到，他同时也为自己选择了个人的自由与责任。

另一件发生的事情是，来自于外部的纪律变成了自律。他接受这些纪律不是因为这是命令——因为谁能命令一个能够自由地结束自己生命的人呢？——而是因为他已经以更大的自由选择了他将要怎样来对待自己的生命，而为了他所希望实现的价值，纪律是必要的。我们可以给这种自律取一些奇特的名字——尼采称其为"热爱自己的命运"，斯宾诺莎说它是对生命法则的顺从。但是不管是否用奇特的措辞来修饰，我都认为，它是每一个人在朝着成熟奋斗的过程中会逐渐学到的一课。

# 第六章
# 创造性的良心

人是"道德的动物"——即使很不幸实际上这种道德不存在,但是却有存在的潜在可能。他进行道德判断的能力——像自由、理性以及其他人类特有的特征——是以他的自我意识为基础的。

几年前,霍巴特·莫勒(Hobart Mowrer)博士在哈佛的心理学实验室做了一个著名的小实验。其目的是为了测验老鼠的"道德"感。老鼠能平衡其行为长期结果的好坏并相应的作出行动吗?莫勒博士将食物颗粒扔进放在一群饥饿动物面前的一个饲料槽里,但计划是要让它们学会一种老鼠的仪式——等3秒钟才能拿食物。如果老鼠不能等,它就会受到以通过鼠笼底板进行电击的形式出现的惩罚。

当老鼠过分仓促地抓取食物而立刻遭到惩罚以后,它们很快就学会了"有礼貌地"等,然后拿起食物,安静地享用。这就是说,它们能够将自己的行为与这一事实,即"稍等片刻,否则你会后悔莫及"结合起来。但是当老鼠违背了仪式的规则而惩罚推迟了如9秒或12秒时,它们的处境就非常艰难了。于是大多数老鼠不能从惩罚中进行学习。它们开始变得"懈怠"——也就是说,它们强迫性地抓取食物,而不管是否会出现惩罚。或者它们会变得"神经质"——它们会完全地避开食物,忍受着饥饿,感到灰心沮丧。这里根本的一点是,它们不能平衡某个行动在将来产生的不好后果与它们当前对食物的欲望。

这个小实验突出了人类与老鼠之间的区别。人类能够"瞻前顾后"。他能够超越当前时刻，能够牢记过去，计划未来，因此与一个较小的即时好处相比，他会优先选择一个更大的但要到将来某个时刻才能出现的好处。由于同样的原因，他能够设身处地地感觉到另一个人的需要与欲望，能够想象自己处于他人的位置上，因此能够作出既以自己的利益为目的又以同伴的利益为目的的选择。虽然这在大多数人身上还不够完善，发展还不完全，但是它是"爱你的邻居"以及意识到他们自己的行动与社会利益之关系的能力的开始。

人类不仅能够作出这些关于价值观与目标的选择，而且如果他想要获得完整，他就必须这样做。因为这些价值观——他所朝向的目标——使他成了一个心理的中心，这是一种将他的力量聚集到一起的整合的核心，就像是一块磁铁的核心将磁力线聚集到一起一样。我们在前面一章曾经指出，知道自己想要什么，对于儿童和年轻人自我指引能力的开启来说是非常重要的。知道自己想要什么，体现在正在成熟的个体身上，仅仅是选择自己价值观之能力的基本形式。成熟个体的标志是，他的生活与他自己选择的目标是融合在一起的：他知道自己想要的是什么，而且这不再像小孩子想要冰淇淋那样，而是像成年人为了一种创造性的爱的关系或者生意上的成就等而作出计划，努力工作。他爱他家庭中的成员，不是因为由于出生的偶然而与他们凑到了一起，而是因为他发现他们是可爱的，并选择了爱他们；而且他努力工作，也不是仅仅为了机械地例行公事，而是因为他有意识地相信他所做之事的价值。

我们在前面一章看到，人类的焦虑、迷惑与空虚——现代人的慢性心理疾病——之所以会出现，主要是因为他的价值观是混乱的、矛盾的，而且他没有心理核心。现在，我们可以补充说，一个个体内在力量和完整性的程度将取决于他自己在多大的程度上相信他所信仰的

第六章 | 创造性的良心

价值观。在本章中，我们将探究一个人怎样才能成熟地、创造性地选择与确定这些价值观。

首先，你我的价值观——以及我们在确定它们这方面所遇到的困难，在非常大的程度上取决于我们所生活的时代。情况通常都是这样的：在一个过渡的时代，当怀疑论与怀疑伴随每一个想法时，个体的任务就会困难一些。歌德（他没有必要鼓吹传统意义上的信仰）曾写道，"所有被信仰支配的时代，无论信仰是什么样的形式，这些时代本身都是激动人心、硕果累累的，而且是会繁荣昌盛的。另一方面，所有怀疑论（无论以何种形式）保持一种不稳定的胜利的时代，即使它们可以暂时地以其虚假的显赫来自夸，但仍会失去其意义……"因为没有人能够在与"本质上贫瘠的东西"的斗争中获得快乐。

如果在这些有些夸张的话语中，歌德所说的信仰指的是弥漫于整个社会的信念，即给予社会一个意义的中心，并给予其成员一种目的感，那么从历史上讲，他的陈述就是正确的。我们只需回想一下伯里克利时代（Periclean）的希腊、以赛亚（Isaiah）时代、13 世纪的巴黎、文艺复兴时期以及 17 世纪，就可以看到这些共同的信念是如何将这个时期的创造性力量聚集到一起的。

但是在一个历史时期的过渡或解体阶段，如希腊末期以及中世纪的没落时代，"信仰"也倾向于破灭。然后通常会发生两种情况。第一，社会中代代相传下来的信念和传统倾向于定型为死板的形式，它会压制个体的活力。例如，在中世纪没落年月使用猞猁的象征符号变成了枯燥、空洞的形式，易于进行议论但却没有内容。在这样一个过渡时代所发生的第二种情况是，活力与传统发生了分离，并倾向于变成弥散的难以对付的东西，就像在地上四处横流的水一样失去了其力量。这或多或少就是在我们这个 20 世纪 20 年代所发生的情形。

难道这不是我们今天所大致面临的两难困境吗？难道我们不是被困在权威主义趋势与无方向的活力之间吗？不管是否所有读者都会像

我这样来切割历史这块馅饼——而且当然，我们可以从不同的角度来解释历史——但每一个人都会赞同，在社会剧变的时代（像我们自己这个时代一样），人们通常会遭受"无根"感的痛苦，他们倾向于依赖权威和既定的制度，把它们当做是暴风雨中的一处安全之所。正如林德夫妇在他们对大萧条时期美国城镇所作的研究《过渡中的米德尔敦》中所指出的，"大多数人都无法同时忍受生活中各个方面所出现的变化与不确定性"。因此，米德尔敦的市民在经济与政治方面开始转向了更为保守的权威主义信念、更为刻板的道德态度，而且越来越多的人加入了保守的、原教旨主义的教会，而不是自由的教会。

我们20世纪中期的危险是，对于该信仰什么感到困惑、迷惑，有时甚至感到恐慌（正如欧洲20世纪30年代的情形）的人们，将会紧紧地抓住具有破坏性的、恶魔似的价值观。小亚瑟·M·施莱辛格（Arthur M. Schlesinger Jr.）写道，共产主义的出现是为了填补"既定宗教的衰落所导致的信仰的空白。它提供了一种目的感，这种目的感治愈了焦虑与怀疑这些内在的极度痛苦"。我们也许不用害怕这个国家将会走向共产主义——就像我不害怕一样——但是，抓住具有破坏性的价值观会在我们社会中的其他方面表现出来。有清楚的迹象表明，权威主义的、反动的趋势正在增长——宗教中、政治中、教育中、哲学中以及科学方面朝向教条主义的趋势中都是如此。当人们感到受到威胁和焦虑时，他们就会变得更为刻板，而当人们感到怀疑时，他们就会倾向于变得教条；于是他们就会失去他们自己的活力。用他们传统价值观的残迹来修筑一个保护性的箱子，然后蜷缩在其中；或者他们会由于恐慌而完全地退回到过去。

但是许多人开始发现，逃避到过去并没有用。幸运的是，诸如亨利·林克（Henry Link）的《回到宗教》（*Return to Religion*）这样的书像它们风行一时一样，在其影响方面也是昙花一现。这些努力从根本上看是自拆台脚的：一个人绝对不可能从外界找到某一"中心"。正如吉尔伯特·默里（Gilbert Murray）所说，像古希腊颠覆时期由于一种"核心的失败"而出现的宗教兴趣之复苏，对社会或者个人本身来说都将是没有好处的。尽管这项任务非常艰难，但我们必须接受我们自己以及我们所处的这个社会，并通过对自己的更为深刻的认识以及勇敢地面对我们的历史情境而找到我们的道德中心。

在过去的几年里，另一个与"回到宗教"迥然不同的运动也在兴起。许多知识分子和其他敏感的人已经越来越意识到了他们因与文化的宗教和道德传统割断了联系而失去的东西，而在人必须重新发现其价值观的时代里，那些不熟悉以赛亚、约伯、耶稣、佛陀以及老子思想的人，也失去了某种具有重要意义的东西。他们已经带着一种新的兴趣，转向了过去的道德和宗教智慧。这种趋势的一些迹象可见于戴维·里斯曼的文章中，如发表于《美国学者》（*The American Scholar*）的《弗洛伊德，科学与宗教》（Freud，Science and Religion）以及霍巴特·莫勒的著作中。1950年，《党派评论》（*Partisan Review*）连续四期都完全用来登载20个小说家、诗人和哲学家关于"宗教与知识分子"这个主题的文章。

当然，这一趋势并不仅仅是我们时代之焦虑的产物——正如其最佳的范例中所表明的那样，它当然不是——它事实上是有益的。但是，危险在于这一事实，即一些刚刚涉足这一领域并因此在此刻不能很好区分彼此的知识分子，很可能会紧紧抓住宗教传统中更为明显和畅言无忌但却不那么合理的方面。如果知识分子对宗教的兴趣主要是促进了权威主义和反动的发展，那么我们失去的就更多了。

因此，真正的问题在于区分出道德和宗教中什么是健康的，并产生一种增加而非减少个人价值、责任与自由的安全感。像在前面章节中一样，让我们从提出这样一个问题开始，即一种健康的道德意识是怎样在人类中产生和发展的。

### ▶▶ 亚当与普罗米修斯

人是道德的动物；但是他要获得道德意识也并非易事。他不是像花儿朝着太阳成长那样简单地获得道德判断。事实上，像自由与人类自我意识的其他方面一样，道德意识也只有以内心冲突和焦虑为代价才能获得。

这种冲突在那个关于第一个人的令人神往的神话，即《圣经》亚当的故事中得到了很好的描述。这个古巴比伦的故事在公元前850年左右经过改写，载入《旧约》，它描述了道德顿悟与自我意识是如何同时诞生的。像普罗米修斯的故事以及其他神话一样，这个关于亚当的故事向一代又一代的人们讲述了一个经典的真理，这并非因为它提到了一个特定的历史事件，而是因为它描绘了所有人所共有的某种深刻内在体验。

故事是这样的，亚当和夏娃生活在伊甸园，在那里，上帝"使各种各样的树木成长，这些树赏心悦目，并可作食物"。在这个乐园里，他们既不知道苦难，也没有需要。甚至更为重要的是，他们没有焦虑，没有内疚；他们"不知道自己是赤身裸体的"。他们无须为了谋生而与大地斗争，他们没有自己内在的心理冲突，也没有与上帝的精神冲突。

但上帝命令亚当不许吃伊甸园中善恶知识之树与生命之树的果子，"以免他像上帝一样能够知道善恶"。当亚当与夏娃确实吃了第一棵树上的果实后，"他们的眼睛睁开了"；而他们知道善恶的第一个证据是，他们体验到了焦虑和内疚。他们"意识到了自己的赤身裸体"，而当中午上帝像往常一样散步穿过伊甸园时，正如作者所说，亚当和夏娃用他们孩子似的、可爱的方式，躲到了树丛中，以免被他看到。

上帝对于他们的违抗非常愤怒，对他们进行了惩罚。女的被判对其丈夫有性渴望，在生儿育女时经受痛苦，而对于男的，上帝则惩罚他终身劳苦。

> 只有汗流满面，你才能
> 谋生，
> 直到你回归土地……
> 因为你本是尘土，
> 而你必须回归于尘土。

这个绝妙的故事实际上是以早期美索不达米亚人的原始方式描述了在每个人一到三岁某个时候的发展中所发生的事情，即自我意识的出现。在这之前，个体生活在伊甸园中，这是在子宫中生存的时期以及婴儿早期的一个象征，此时他完全受到父母的照顾，他的生活是温暖和舒适的。伊甸园象征着那种为婴儿、动物和天使所储备的状态，其中不存在道德冲突和责任；这是天真无知的时期，此时他"既不知道羞耻，也不知道内疚"。这些没有生产活动的乐园画面以许多不同的形式出现在文学中，而且它们通常是一种回溯，浪漫性地渴望回到自我意识出现以前的早期状态，或者回到那种更为极端的状态（天真无知时期在心理上与这种状态有很多共同之处），即在子宫中的存在状态。

这个神话还进一步象征，由于"天真无知"的丧失以及道德敏感性的初步发展，人们继承了自我意识、焦虑和内疚感这些独特的负担。同样，他还有一种意识——尽管这种意识可能要到后来才会出现——即他是"尘土的"。也就是说，他意识到，将来某个时刻他会死去；他意识到了他自己的有限性。

从积极的一面看，吃知识之树的果子并知道是非，代表了心理与精神个体的诞生。实际上，黑格尔在谈到这个神话时，说人的这种"堕落"是一种"向上的堕落"。将这个神话载入《创世记》这本书的早期希伯来作家，完全可以使其成为神圣歌曲与欢庆的海洋，因为这一天——而不是上帝创造亚当那一天——是作为人类的人真正诞生的日子。但是令人惊奇的是，所描述的这一切都成了反对上帝的意志和戒律。上帝被描述为非常愤怒，因为"人已经变得像我们当中的一个，能够知道善恶；现在，假设他也伸出他的手，摘下生命之树的果实来吃，那么他也将永生"！

我们是不是应该相信，这个上帝并不希望人拥有知识和道德敏感性——就在这一章前面提到的《创世记》这本书中，我们了解到这个上帝根据自己的形象创造了人，如果说这包含有什么含义的话，那它就意味着在自由、创造性和道德选择方面与上帝的相似性？我们是不是应该认为上帝希望将人一直保持在天真无知的状态以及心理的、道德的盲目中？

这些含义与关于这个神话的敏锐的心理学洞见是如此的不一致，以至于我们必须要找到一些其他的解释。诚然，这个神话产生于公元前3000年至公元前1000年那个蒙昧的时期，它代表的是原始的观点。考虑到甚至在今天也有许多人很难作出区分，那么，远古时期讲故事的人无法区分建设性的自我意识与反抗也就可以理解了。而且，该神话中的这个上帝是耶和华，他是希伯来宗族中最早、最为原始的神，是由于嫉妒心重、报复心强而闻名的神。后来的希伯来预言家主张反对耶和华残忍的、不道德的方式。

如果我们看一下与之相类似的希腊宙斯的神话，看一下古代同一时期在奥林匹斯山上出现的其他诸神，那我们就能够对亚当神话中这个不可思议的矛盾有所认识。希腊神话中与亚当的故事最为相近的是关于普罗米修斯的神话，他从诸神那里偷来火种，并把它交给人类，让他们获得温暖和多产。一天晚上，宙斯发现地球上有一丝光亮，知道凡人有了火，于是勃然大怒，抓住普罗米修斯，把他带到了高加索山脉，并用铁链将他锁在了一座山峰上。宙斯用他丰富的想象设计了酷刑，他让一只秃鹰在白天啄食普罗米修斯的肝脏，然后到晚上肝脏又会重新长出来，第二天这只秃鹰又会来撕掉他的肝脏，这样就使得不幸的普罗米修斯永远处于痛苦的折磨中。

就惩罚的残忍性而言，宙斯胜过了耶和华。因为这个希腊的上帝因为人类现在有了火而怒火中烧，他将所有的疾病、悲痛、罪恶变成了像飞蛾一样的东西，塞进了一个盒子中，然后让墨丘利将这个盒子带往人间的天堂（非常像伊甸园），在那里，潘多拉和厄庇墨透斯过着无忧无虑的幸福生活。当好奇心重的潘多拉打开盒子时，那些像飞蛾一样的东西飞了出来，于是这些永无休止的折磨便降临到了人类身上。诸神对人的惩罚中这些恶魔似的成分，所呈现的显然不是一幅优美的画面。

亚当的故事是关于自我意识的神话，而普罗米修斯则是创造性的象征——给人类带来新的生活方式。事实上，普罗米修斯这个名字的含义是"深谋远虑"——而且正如我们已经指出的那样，展望未来、作出计划的能力仅仅是自我意识的一个方面。普罗米修斯所遭受的折磨代表的是随创造性而来的内心冲突——正如米开朗琪罗、托马斯·曼（Thomas Mann）、陀思妥耶夫斯基以及其他无数的创造性人物所告诉我们的——它象征着那个敢于给人类带来新的生活方式的人所经受的焦虑和内疚。但是又一次，像在亚当神话中一样，宙斯对于人类向上的努力非常嫉妒，并恶意地进行了惩罚。因此，我们仍要面对同一个问题——诸神反对人的创造性意味着什么？

诚然，在亚当和普罗米修斯的行动中都含有对诸神的反抗。正是从这个角度，这两个神话才有意义。因为古希腊人和古希伯来人知道，当一个人竭力要越过他作为人的局限性时，当他犯下好高骛远的罪恶（就像大卫在夺走乌利亚的妻子时所做的）时，或者当他傲慢自大（就像阿伽门农在征服特洛伊时所表现出来的骄傲）时，或者当他妄称拥有统治全世界的权力（就像现在的法西斯意识形态）时，或者当他坚持认为他有限的知识就是终极的真理（就像教条主义的人，不管他是宗教界还是科学界的）时，那么他就危险了。苏格拉底是对的：智慧的开端是承认自己的无知，而只有当一个人首先能够谦卑地、诚实地承认这些局限时，他才能创造性地使用他的力量，并在一定程度上超越他的局限。在警告人们不要妄自尊大这一方面，这两个神话的见解是合理的。

但是同时，这些神话所描述的反抗显然又是有益的、具有建设性的；因此，不能仅仅将其看做是人类与自己有限性和骄傲所作的斗争的画面而不予考虑。它们描绘了这个心理学真理，即儿童"睁开眼睛"并获得自我意识的过程，总是包含着与那些当权者的潜在冲突，不管那些当权者是诸神还是父母。但是，为什么是这种潜在的反抗——如果没有这种潜在的反抗，儿童将永远无法获得自由、责任感以及道德选择的潜能，而且人类最为珍贵的特征也将永远只能潜伏着——为什么是这种反抗要受到谴责？

我们认为，这些神话讲述了以嫉妒心重的诸神为代表的顽固权威与新生活、创造性的高涨之间由来已久的冲突。新活力的出现总会在一定程度上打破现存的惯例与信念，因而对于当权者以及成长中的个体本身来说都是具有威胁性的，是会引起焦虑的。而那些代表"新生力量"的人会发现他们自己与顽固权力之间存在着不共戴天的冲突——就像俄瑞斯忒斯和俄狄浦斯所体验到的。亚当的焦虑以及普罗米修斯所经受的折磨还告诉我们，从心理学上看，在创造性个体自身内部，也存在着对于前进的恐惧。这些神话不但讲述了人类勇敢的一面，而且还讲述了人宁要舒适不要自由、宁要安全感不要个人自我成长的奴态的一面。在亚当与夏娃这个神话中，上帝对他们施行的惩罚是性欲望和辛苦劳作这一事实，进一步证明了我们的观点。因为难道不是这种永远受到照顾的渴望，使得我们将辛苦劳作——即耕种土地、生产食物、用自己双手的力量进行创造的机会——看成是一种惩罚吗？难道不是个人自我焦虑这一面将性欲看成在本质上是一种负担——而阉割个人自己的自我〔就像奥利金（Origen）事实上所做的那样]，通过消除欲望来避免冲突吗？诚然，伴随必须自己生产自己的食物所产生的焦虑和内疚、性欲所引起的问题以及自我意识的其他方面，都是让人痛苦的。有时它们接二连三地出现，当然的确会给人带来巨大的冲突和痛苦。但是，除了像在精神病这样极端的情形下，还有谁会认为焦虑和内疚感对于自知、创造性的冒险来说是一个太大的代价——简而言之，对于获得成为一个人，而不是一个天真无知的婴儿的力量来说，是一个太大的代价？

这些神话展现了所有宗教传统——可能包括了希腊的、希伯来的或者基督教的宗教传统——权威主义的一面，它反对新的道德洞见。这便是耶和华，那个嫉妒心重、报复心强的上帝的声音；这便是那个唯恐失掉自己的位置和权力而将自己的儿子丢弃在狼群中的国王（就像俄狄浦斯的父亲所做的）的声音；这便是部落的首领或教士，他们倾向于压垮年轻的、新生的、正在成长的一代；这便是拼命抵制新的创造性的教条主义信念和刻板的习俗。

诚然，每一个社会都必须有两面——促使新的观念和道德洞见诞生的势力以及维护过去那些价值观的制度。如果没有新的活力与旧的形式，没有变化与稳定，没有攻击现存制度的预言性宗教和保护这些制度的教士宗教，那么任何社会都不能长久地存在。

但是正如我们已经看到的，我们当前这个时代的特定问题是一种朝向顺从的压倒性倾向。那个不顾一切竭力凭借群体对他的期望来生活的人，将显然会认为道德就是对其群体标准的"适应"。在这种时候，道德越来越倾向于与服从相等同。只要一个人服从社会和教堂的支配，那么他就是"好"公民。当然，一种对亚当神话的不加批判的观点为这些倾向提供了一种非常好的合理化解释——人们可以说，如果亚当没有违反上帝的旨意，那么他就永远也不会被赶出天堂。这对于身处我们这个动荡时代的人们来说，比我们所认为的要有吸引力得多——因为在其中没有忧虑、需要、焦虑、冲突，也没有个人责任这一需要的天堂所象征的状态，是处于一个焦虑时代的人们所虔诚地希望得到的。

因此，不发展个人的自我意识含蓄地获得了一种奖赏。这就好像是越绝对地服从越好，个人的责任感越少越好。

但是关于服从的真正的道德性何在？如果一个人的目标仅仅是服从，那么他可以训练一条狗很好地实现这个目标。事实上，这样一来，这条狗将会比它的人类主人更为"有道德"，因为狗身上不会存在经常爆发神经症的可能性，这种神经症的爆发是以某种违抗命令的"意外事故"的形式出现的，这是一种对其自由受到压抑和否认的反抗。而在社会学的层面上，顺从于公认的规范，其道德性又何在呢？要实现此理想的个体在1900年就得像那个时期的几乎所有其他人一样，得在性方面受到压抑；在1925年，根据当时公认的风尚，他得有一点反抗；而在1945年，他就得以金赛报告中所呈现的人们所做事情的平均水平来指导自己的行动。不管你是否夸大这些标准，称它们是"文化的"、道德的准则或者是绝对的宗教教义，这样一种顺从的道德性究竟何在？显然，这种行为忽视了人类道德的本质——一个人对其与他人之间的独特关系的敏感意识，并以某种程度的自由和个人责任感建立一种创造性的关系。

在陀思妥耶夫斯基关于宗教法庭庭长的故事中，对道德敏感性与现存制度之间的冲突、道德自由所带来的焦虑进行了最为卓著的描述。一天，基督回到了人间，他静静地、不引人注目地给街上的人治病，但却被所有人都认了出来。当时碰巧是西班牙宗教法庭时期，那位年事已高的红衣主教，即宗教法庭庭长在街上遇到了基督，并将他抓进了监狱。

深夜，这位庭长前来向一言不发的基督解释为什么他绝不应该返回人间。15个世纪以来，教会一直不懈地努力纠正基督最初犯下的给予人类自由的错误，他们将不会让他毁掉他们的功业。这位庭长说，基督的错误在于"取代了严格的古代律法",将"以自由的心灵为自己决定善恶"的负担加到了人的身上,而"这种自由选择的可怕负担"是人们难以承受的。庭长认为,基督太关心人类而忘了实际上人们想要被当做孩子来对待,想要有"权威"和"奇迹"来引导他们。他应该只给他们面包(就像魔鬼在引诱他时所提出的那样),但是"你不愿剥夺人的自由,而拒绝了魔鬼的面包,你认为,倘使接受面包就要服从,那自由还有什么价值?……但最终他们会将他们的自由放在我们的脚下,还对我们说,'让我们成为你的奴隶吧,只要给我们食物。'你忘了人宁可要和平甚至死亡,也不要在善恶之间进行选择的自由吗?"

这位老庭长接着说,确实是有一些英勇坚强的人,他们能够追随基督的自由之路,但是大多数人所寻求的是"所有人被统一成像一群蚂蚁一样一致、和谐……我告诉你,没有什么焦虑能比下面这个更让人感到痛苦,赶快找到一个他能将自由这份礼物移交给他的人,自由这份礼物是人不幸生而有之的"。教会接受了这一礼物:"我们将允许或禁止他们与其妻子和情人生活在一起,让他们有孩子或没有孩子——根据他们是服从还是违抗——而他们将满心欢愉、心甘情愿地服从于我们……因为这使得他们避免了当前在为自己作出自由的决定时所遭受的巨大焦虑和可怕的痛苦。"这位老庭长有点悲伤地反问道,"你为什么要回来妨碍我们的工作?"在他离开的时候,他告诉基督明天他将被烧死。

当然,陀思妥耶夫斯基并不是说这位庭长在为所有的宗教辩护,不管是天主教还是新教。相反,他是想要描述宗教中寻求"协调一致的……蚁群"的反生活的一面,描述宗教中奴役人并诱使他像以扫(Esau)一样为了一碗汤而放弃他最为珍贵的东西——他的自由和责任的成分。

因此,今天寻求能够围绕自己来整合自己生活所凭借之价值观的人需要面对这一事实，即并没有容易、简单的出路。当选择的自由和责任对他来说成了一个太沉重的负担时，他再也不能仅仅是"回到宗教"，就像不能够健康地回到父母身边一样。因为道德与宗教之间存在着一种双重的关系，我们在父母与子女之间也发现了这种双重关系。一方面，古往今来的道德宣扬者都是在宗教传统中出生和长大的——我们只需想一下阿摩司（Amos）、以赛亚、耶稣、圣弗朗西斯（St. Francis）、老子、苏格拉底、斯宾诺莎以及还有数不清的其他人。但是另一方面，在道德敏感的人与宗教制度之间又存在着艰苦的斗争。道德洞见是在攻击对现存习俗的顺从中诞生的。在登山布道时，耶稣在每一个新的道德洞见之前都会重复这句话，"对你们说的这个道德洞见是古时的，但是，是我在对你们说……"这是具有道德敏感性的人经常使用的叠句：新酒"不能装到旧的瓶子里，否则的话，瓶子会爆裂，酒就会溢出来"。因此，总是这样：那些具有道德创造性的人，如苏格拉底、克尔凯郭尔、斯宾诺莎等，他们会一直寻找着新的道德"精神"，以反对传统体制形式化了的"律法"。

在这些道德领袖与现存的宗教和社会制度之间，总是存在着紧张的状态，有时甚至处于彻底的斗争状态，这些道德领袖通常会攻击教会，而教会则经常将道德领袖打上敌人的标记。斯宾诺莎这位"醉心于上帝的哲学家"被逐出了教会；克尔凯郭尔有一本书的书名是《对基督教徒的攻击》（*Attack on Christendom*）；耶稣和苏格拉底被看做是对道德和社会稳定性的"威胁"而被处死。我们非常惊奇地发现，在史实中，一个时期的圣徒在前一时期通常都是所谓的无神论者。

在我们自己这个时代，攻击现存的宗教制度，认为其与道德成长相对立的人包括尼采（认为基督教道德是由怨恨激发的）和弗洛伊德（批评宗教将人隐蔽在婴儿般的依赖性之中）。不管他们的理论信念如何，他们都表现了对人类幸福和实现的道德关注。虽然在某些方面他们的学说被看做是有害于宗教的（其中有一些确实如此），但我相信，在后代中，弗洛伊德和尼采的主要洞见将会被吸收进道德—宗教传统，而且宗教也将会由于他们的贡献而变得更为丰富和有效。

例如，约翰·斯图亚特·穆勒指出，他的父亲詹姆士·穆勒（James Mill）认为宗教是"道德的敌人"。老穆勒曾在苏格兰一所长老会的神学院接受教育，但后来退出了长老会，因为他拒绝相信如宿命论中所暗含的那样，上帝明知道人们将身不由己地下地狱而创造地狱。他认为，宗教"从根本上败坏了道德的标准，使它成了对某一个人的意志的服从，实际上，所有谄媚的措辞都用在了这个人身上，但是在没有歪曲的事实中，这个人却被描写成是异常可恨的"。关于 20 世纪中期这种类型的"异教徒"，穆勒补充说："他们当中最佳者……相对于那些排外地、将笃信宗教这个头衔没由来地归于自己的人，更为真诚地笃信宗教，他们是在最真正的意义上信守宗教。"①

俄国东正教神学家和哲学家尼古拉斯·别尔佳耶夫（Nicolai Berdyaev）也主张反对老穆勒提到的这些虐待性教义，他还反对这一事实，即"基督徒用鞠躬、奉承以及膜拜来表达其虔诚——这些姿态是蒙耻和羞辱的象征"。与历史上所有的道德预言家一样，别尔佳耶夫说，他将"以上帝的名义来反对上帝"，并补充说，"反抗是不可能的，除非根据某种终极的价值并以这种价值的名义（根据这种终极的价值，我判定我坚决要反对的是什么）；也就是说，以上帝的名义来反抗……"②

在新的洞见与顽固权威之间存在的这些斗争中，如亚当与耶和华、普罗米修斯与宙斯、俄狄浦斯与其父亲、俄瑞斯忒斯与母权制力量之间的冲突，或者在人类真实道德历史的先知中，存在着一个共同的主题。难道这不是我们在儿童与父母之间的冲突中所发现的处于不同层面之上的同一个心理学主题吗？或者，更确切地说，这难道不是

---

① John Stuart Mill, *Autobiography*.
② Nicolai Berdyaev, *Spirit and Reality*, New York, Charles Scribner's Sons, 1935.

每个人都具有的朝向扩展的自我意识、成熟、自由与责任的需要，与其一直做一个孩子并依附于父母或者父母的替代物之间的冲突吗？

### ❯❯ 宗教——力量还是懦弱的源泉

在任何关于宗教与整合的讨论中，问题都不在于宗教本身是有助于健康还是促成了神经症，而在于是哪一种宗教以及它是如何被人们使用的？当弗洛伊德坚持认为宗教本身就是一种强迫性神经症时，他是错误的。有些宗教是这样，但有些不是的。生活中任何一个领域都可被用作一种强迫性神经症：哲学可能是一种对现实的逃避，从而进入一种和谐的"系统"，以此作为一种保护，避开遭受日常生活中的焦虑和不和谐，或者它还可能是一种更好地理解现实的勇敢的努力。科学可以被用作一种刻板的、教条主义的信念，据此人们可以避开情感上的不安全感与怀疑，或者它还可以是一种对新的真理的虚心探求。实际上，既然在我们的社会中，智力圈子里的人更容易接受对科学的信念，这种信念也因而倾向于较少地受到质疑，因此，在我们今天，这种信念很可能比宗教更为频繁地扮演着强迫性地避开不确定性的角色。但是，从技术上讲，弗洛伊德是正确的——正如他在这个方面通常是正确的一样——他提出了关于这个宗教的恰当的问题：它是否增加了依赖性并使得个体一直处于幼儿的状态中？

另一方面，那些圆滑地、带着安慰地告诉大众，说宗教有助于心理健康的人也是不正确的。一些宗教当然是这样，但有一些绝非如此。所有这些总括性的陈述将使得我们摆脱这个困难得多的问题，即深入宗教态度的内在含义，并评定它们不是一些理论信念，而是个人与其生活之间有机联系的机能方面。

我们提出的问题是：某种特定的宗教是否有助于瓦解一个个体的意志，使他一直停留于某种婴儿期的发展水平，并能够使他避开自由与个人责任所带来的焦虑？或者，它是否为他提供一种意义的基础，

## 第六章 | 创造性的良心

从而确定他的尊严与价值，为他勇敢地接受自己的局限性与正常的焦虑提供一个基础，但同时帮助他发展他的力量、他的责任感以及他爱其同伴的能力？在回答这些问题时，我们必须考虑的第一个问题是宗教与依赖性之间的关系。①

当一个女孩非常小时，她就和母亲达成一致意见，她的生活将一直由上帝的意志来指引。她们还进一步同意，上帝的意志将通过母亲的祈祷展示给这个女儿。一想到这个女孩的每一个行动、每一种想法都将完全受到其母亲的控制，我们就会不寒而栗！这个女孩自己的选择能力也将因此而被完全抑制扼杀——这是当她快 30 岁时所痛苦发现的，她陷入了一种不能解决的两难困境之中，因为她无法自主地作出婚姻等方面的决定。这个例子可能看起来有些极端，因为这个母亲和女儿属于一个保守的福音派新教主义宗派，而这个模式并没有被复杂的合理化所遮没。它阐明了当一个人将自己看做是上帝的代言人或伙伴时（就像这位母亲所做的），他滥用自己的权力去支配他人的可能性将是无限的。

当一个人在心理治疗过程中努力地想摆脱父母的控制而建立某种自由时，宗教的这种使用就会频繁地、鲜明地出现。于是父母通常以不同程度的敏感性表示出他们的根本立场，说一直接受父母的指导是年轻人的宗教义务，并说要他继续受控于父母实际上是"上帝的意志"。接受治疗的人经常在这样的时候收到父母的来信，在信中，父母当然会引用像"尊敬你的父亲和你的母亲"这样的《圣经》中的句子，而不是后来耶稣的道德观点，如我们在上面引用过的《新约》中

---

① 我使用依赖性这个术语来代表"病态的依赖性"，也就是说，一种适合于发展中较为幼稚的状态，但却不适合于这个特定个体当前状态的依赖性。当然，依赖性完全可能是正常的：一岁的孩子需要母亲一匙一匙地喂他，这种需要是正常的，但是一个 8 岁的孩子还需要这样就是不正常了。一个 10 岁的孩子需要父母抚养，这对他这个发展阶段而言完全是建设性的，但是当一个 35 岁的人还需要父母抚养时，就要另当别论了。我们所使用的依赖性不是简单地指不能长大成人：它是一种代表逃避焦虑的动力模式。我们所使用的依赖性可以用一个很好的同义词来表示，那就是"寄生"（symbiosis），即当一个有机体只能依附于另一个有机体否则就不能生存的状况。

的句子,"人的仇敌就是他自己家里的人"①。

当然,大多数父母会在口头上坚持说,他们只是希望让孩子实现他自己的潜能。他们通常意识不到自己想紧紧抓住年轻人这种潜意识需要。但是,他们常常表现出的行为方式,就好像是儿子或女儿只有保持在他们的控制之下,否则就不能获得自我实现一样,这一事实揭示了某种与他们有意识的意图迥然不同的东西。儿子或女儿获得自由的过程通常会激起父母某种深层的焦虑,这种焦虑表明,对我们社会中的父母来说,要真正地相信孩子生而具有的潜能是多么困难(很可能是因为对他们来说,要相信自己的潜能是非常困难的),还表明了所有顽固权威为了保持其权力甚至不惜以"制服"他人使其屈服为代价的倾向是多么强烈。

因为这些努力想获得自主性的年轻人一直以来常常受到这样的谆谆教诲,如果他们不遵从父母的训导,他们就会产生一种深切的厄运感,因此这些冲突变得更为复杂了。而且通常情况下,他为了获得自由而进行的努力,已经开始在内心里与巨大的焦虑和内疚感作斗争。通常在这个阶段,人们会梦到自己有罪却又没罪——就像俄瑞斯忒斯的罪,但是却不得不继续前进。有一个人就曾梦到,他在参议院被麦卡锡参议员举出有罪的例证,尽管他自己心里知道他事实上是没有罪的。

当然,成为他人权力之牺牲品的问题,由于个人具有自己想要被他人照顾的婴儿期欲望而得到强化。因此,在人的自我中存在着这样的倾向,即将自我交付给那个占支配地位的人。在我自己过去 10 年所从事的心理治疗工作中,有一半涉及的是具有特定宗教背景或者从事宗教工作的人,而另一半涉及的则是没有特定宗教背景或宗教兴趣的人。我已经得到了一些模糊的观念,尽管我们应该以高度试验性的

---

① Matthew 10:34—39。

第六章｜创造性的良心

态度来对待这些观念，但它们对于阐明我们社会中宗教训练的一些心理效应是有帮助的。我之所以引用这些模糊的观念有两个原因。第一，对于那些关注于避免宗教导致神经症陷阱的一面（就像文化的任何其他部分一样）的读者来说，它们可能是有用的。第二，这些模糊的观念对于那些不属于任何特定宗教传统，但是像我们今天越来越多敏感的人一样，关注于区分宗教中哪些方面有助于发现个人的价值而哪些方面不能的读者来说，可能是有帮助的。

首先，这些模糊的观念指的是，那些具有宗教背景的人在希望为自己及其生活做一些事情时，倾向于具有一种超出一般水平的"热情"。但是其次，他们也倾向于具有一种特定的态度，我将称之为"受到照顾的神圣权利"。当然，这两种态度是相互矛盾的。它们与我们在上面已经讨论过并且在这章的后面部分还要继续讨论的宗教的两种相互矛盾的效应是相类似的。第一种态度——在做关于自己的问题的事情时具有强烈的兴趣——无须加以评论；这是个人对生活之意义与价值的信心的机能，是一种成熟宗教的一个建设性的贡献，而且正如我们在下面将要指出的，它通常会对治疗产生一种强化性的影响。

但是，这种"受到照顾的神圣权利"的态度就完全是另外一回事了。它是这些人在接受治疗的过程中以及在大体的生活中朝向成熟发展的最大障碍之一。通常情况下，对于这些人来说，他们很难将其希望受到照顾的需要看做是一个应该予以分析与克服的问题，而且当他们的"权利"没有得到尊重时，他们通常会作出敌意的反应，并且还会产生一种被"欺骗"的感觉。当然，从早年在主日学高唱赞美诗，到现在许多电影中所出现的被庸俗化了的这同一个观念，他们都一直被告知，"上帝将会照顾你"。但是从一个更深的层面上看，这种被照顾的需要——尤其是当这种需要遭遇挫折时，敌意会非常迅速地出现——是某种更为深刻的东西的一种机能。我认为，它的动力来自于这些人不得不放弃很多东西这一事实。他们不得不放弃他们的力量以

198

>> 151

及他们对其父母作出道德判断的权利，而且自然地，这个未成文的契约的另一个部分是，他们也因此有权利完全依赖于父母的力量与判断，就像一个奴隶有权利去依赖于其主人一样。因此，如果父母——或者更可能是父母的替代者，如治疗师或上帝——没有给他们提供特殊的照顾，他们就是受到了欺骗。

他们一直被教导说，只要他们做个"好人"，幸福与成功会随着之而来，而做个"好人"通常被解释为服从。但是正如我们在前面所表明的，一味地服从会削弱一个个体道德意识与内在力量发展的基础。在长时间地服从于外在的要求后，他就会失去自己真正的作出道德的、负责任的选择的力量。因此，尽管听起来似乎很奇怪，但是这些人做个好人以及随之而产生的快乐的力量便减弱了。而且既然像斯宾诺莎所说，幸福不是放弃美德的报偿，它是美德本身，那么这个放弃了道德自主性的人就已经在相同程度上放弃了他获得美德与幸福的力量。难怪他会感觉到愤恨。

当我们考虑这种"服从的道德"（对"通过降低个人的自我来做个好人"的强调）是如何在现代文化中获得其力量时，我们就能够更具体地看到这些人不得不放弃的是什么了。它所呈现的现代形式在很大程度上来源于对过去4个世纪中工业主义和资本主义发展的模式的拷贝。现在，个人对机械一致性的服从以及为了适应工作的需要和过度节俭而作出的生活安排，确实在现代的大多数时间里为人们带来了经济上的成功，并因此也带来了社会的成功。人们可以很有说服性地提出救助是随服从而来的，因此，如果一个人在一个工业社会中服从于工作的需要，那他就能够赚到钱。例如，任何读过关于早期教友派信徒与清教徒的聪明商人故事的人都知道，将这些经济态度与道德态度放在一起会产生非常好的效果。"教友派美元"对于中产阶级中所产生的巨大愤恨来说是一种具体的慰藉，因为他们在这种服从制度中遭受了情感上的匮乏。

## 第六章｜创造性的良心

但是，正如我们在前面章节中所指出的，时代已经改变了，在今天"早睡早起"可能会让一个人身体健康，但是它不能保证会让他变得富有和聪明。本·富兰克林（Ben Franklin）的格言——如实纳税，勤奋工作——再也不能保证获得成功了。

而且，笃信宗教的人，尤其如果他是牧师或者从事专业宗教工作，那么他就不得不放弃对金钱的一种现实的态度。他不应该要求他要被支付多少多少工资。在许多宗教圈子里，谈论金钱被认为是"有损尊严的"，仿佛被支付工资就像上厕所一样都是生活中一个必需的部分，但理想的方式是要表现得好像它没有真实地发生一样。适应了不断变化的大工业经济时代的劳工群体已经认识到，上帝不会像很久以前派乌鸦用嘴将食物送给以利亚（Elijah）一样，将工资送到他们的手中，而且他们已经学会了通过工会来施加压力以获得适当的工作。但神职人员不能为了提高工资而罢工。相反，人们期望教会会在经济以及其他方面"照顾"牧师；他们坐火车和在百货商店买东西时都能享受打折优惠；神学院的学费比其他研究生院都要低——所有这一切都不是为了在我们这个特定的社会中增强牧师的自尊或者其他人对他的尊重。人们认为神职人员不应该采取积极的措施来确保其在经济上的安全这一事实，再一次证明了我们社会中这个潜在的假设，即如果一个人是个"好人"，物质上的安全将会以某种方式自动地出现，这个假设与上帝将会照顾你这一信念有着密切的联系。

因此，我们很容易看出，为什么我们社会中那些被教导通过降低自己以成为一个好人的人，只有到后来最终发现他们这么做甚至都不能得到经济上的报偿，更不要说是幸福了时，才会有这么多的愤恨和愤怒。正是这种深埋在心中的愤恨为得到照顾的需要提供了动力。这就好像是这个人在心里说，"我得到过保证，如果我服从的话，那我就会得到照顾：看看我现在多么服从啊，那么为什么我没有得到照顾呢？"

对"得到照顾的神圣权利"的信念通常会使人产生这样的感觉,即一个人有权利对他人行使权力。这就是说,如果一个人相信人们应该屈从于他人的权力之下,那他不但将会为了得到照顾而使自己服从于某个更有权力的人,而且他还将感觉到去照顾某个在他这个等级之下的人是他的"责任"——并对其行使权力。有一个人与他的弟弟生活在一起,他对弟弟的控制甚至到了在每个星期六拿走他的工资,然后定量地给他一些钱的程度,当他被问到这个事情的时候,他说,"难道我不是我弟弟的看护人吗"?他的这句话以一种更具虐待性的形式论证了这种倾向。

我们不打算努力解释为什么支配性与服从性这两种倾向会同时出现,也不想解释为什么受虐狂总是施虐狂的相反面。埃里希·弗洛姆在其著作《逃避自由》(*Escape from Freedom*)中已经很经典地讨论了这些问题。我们只是希望指出,通常情况下,那个要求得到照顾的人,同时也会努力通过各种微妙的方式获得支配他人的权力。歌德很好地表达了这一心理学真理:

> ……每一个人,无法支配
> 他自己内在的自我,却都非常想去动摇
> 其邻居的意志,甚至这正是他傲慢的心灵
> 所切望的。

对宗教的依赖性所滋养的另一种倾向是,通过认同其他人而获得个人的价值感、声望感和权力感。这种倾向通常表现出来的形式是认同一个像牧师、教士、犹太教博士、主教这样理想化的人物,或者是任何具有声望和权力、在等级制度中位居自己之上的人。这种倾向同样并不局限于宗教,它也存在于商业、政治以及社会生活的其他方面。这在心理治疗中是一种常见的现象,我们称之为移情,它表现的方式有很多,其中之一是,病人需要用好话逐步赢得治疗师的好感,并需要从治疗师是很有名的这一事实中获得自己的声望。但是在治疗

中，这被看做是一个最终需要解决的问题，这样个体才能开始将他的治疗师看做是一个现实的人，并通过自己的行动而不是治疗师的行动来获得他自己的价值感和声望感。宗教中的这种倾向似乎依赖于某个比社会生活中的一些其他领域更深的层次。当然，它从对"替代受苦"（vicarious suffering）、"赎罪"（atonement）的错误解释中获得一些强化。这就好像是每个人都试图通过他人来替代性地生活，直到所有人都不知道自己的自我在哪里。令人惊奇的是，基督教关于爱的教义如此容易地就能变质为所有人都同意的格言，"如果你对我负责任，那我就会对你负责任"。

对宗教的神经性使用都具有一个共同之处：它们都是个体得以避免他不得不面对的孤独和焦虑的手段。用奥登的话说，上帝已经成了"宇宙爸爸"。这种形式的宗教是掩盖现实的一种合理化——这种现实对于那些认真对待它的人来说包含了非常多的恐怖——这种现实是，人类从根本上说，其内心深处是孤独的，而且人类必须完全孤独地作出自己的选择，而得不到任何的帮助。

> ……正是彻底的
>
> 恐怖与孤独
>
> 驱使一个人将那广漠的天宇称作"我主"。①

这就是埃德娜·圣·文森特·米莱的著作《午夜对话》中一个人物所说的话。但是如果逃避恐怖与孤独感的需要是人求助于上帝的主要动机的话，那么他的宗教将不会帮助他走向成熟、获得力量；而且从长远的观点看，它将甚至不能给予他安全感。保罗·蒂利希（Paul Tillich）从神学的观点对此进行了论述，并提出，除非个人能够在其完全和完整的现实中面对绝望和焦虑，否则绝望和焦虑将永远都不能被

---

① 引自 *Conversation at Midnight*，Harper & Brothers。版权属于 Edna St. Vincent Millay，1937 年。

克服。显然，这个真理在心理学上也同样正确。只有当一个人先勇敢地接受他的孤独、成熟，最终战胜孤独对他来说才是可能的。

我经常想到，弗洛伊德之所以能够在他生命的最后 40 年中如此勇敢地怀着坚定不移的目标工作，是因为他在最初 10 年的孤寂生涯中赢得了这场为了能够独自成长和工作的斗争，当时他与布洛伊尔（Breuer）分道扬镳后，在没有同事也没有合作者的情况下继续进行着他对精神分析的探索。而且，在我看来，这也是一场像耶稣这样具有创造性和道德感的人物在荒野中所赢得的战争，耶稣全力对付之诱惑的真正含义不在于对面包与权力的欲望中，而正如故事中魔鬼所说，在于让自己从山顶上跳下去以证明上帝在保护他的诱惑中：

  上帝会让他的天使们看住你；

  他们会用双手托住你，

  免得你的脚碰到石头上。

当一个人能够对他被"支持"的需要说"不"时，换句话说，当他能够不需要被照顾时，当他有足够的勇气孤身独处时，那么他就能像一个拥有权威的人那样说话了。而且斯宾诺莎拒绝逃避被他的教会和社区开除教籍这一现实，不就意味着他赢得了这场为了保存完整自我而进行的内在斗争，赢得了这场为了获得不害怕孤独的力量而进行的斗争吗？如果没有这种胜利，他就不可能写出《伦理学》（*Ethics*）这部高尚的、史上最伟大的著作。

不管这些想法怎样，斯宾诺莎的话"真正爱上帝的人不会期待上帝也爱他作为回报"，就像一股清新、圣洁的风，吹过宗教中弥漫着依赖性的这片朦胧的、病态的沼泽。这句令人震惊的话，这里说的是勇敢的人——他知道美德就是幸福，而不是为了获得幸福的要求；他知道对上帝的爱本身就是报偿，人们爱美与真理，是因为它们本身就是善，而不是因为它们会给那些爱它们的艺术家、科学家或哲学家带来声望。

## 第六章 | 创造性的良心

斯宾诺莎的话可能会被误解为暗含了一种殉教的、牺牲的以及受虐待的态度,当然斯宾诺莎根本就没有这个意思。相反,他是在用一种最明确的形式道出了客观的、成熟的、有创造性的人(用他的话说,是蒙受神恩的、快乐的人)所具有的基本特征,即那种因为某物本身而爱它,而不是为了得到照顾或获得一种不正当的声望感和力量感而爱它的能力。

当然,孤独感与焦虑能够被建设性地加以克服。尽管这无法通过"宇宙爸爸"这个在紧要关头突然出现以扭转局面的人来实现,但是可以通过个体直接地面对他发展中的各种危机,依靠发展和利用他的能力来摆脱依赖性、获得更大的自由和更高一级的整合,并经由创造性的工作和爱而与其同伴相联系来实现这一点。

这并不是说在宗教或其他任何领域中没有像权威这样的东西。它说的是,关于权威的问题首先应该从相反的方向提出,也就是说,先从个人责任心的问题出发。因为权威主义(权威的神经性形式)与个体竭力避免解决他自己的问题所应负责任的程度是成正比增长的。例如,在治疗中,正是在病人感觉到某种特别的或者不可抗拒的焦虑时,他会力求使这个治疗师成为他的权威。而在这些时候他倾向于将治疗师等同于上帝和他的父母这一事实,再一次证明了上述论点:他是在寻找某个能将自己托付给他照顾的人。幸运的是,要证明治疗师不是上帝这一点并不难——当病人发现了这一事实而且并不感到害怕时,那么这一天就是治疗过程中值得纪念的一天。因此,个人不应该就各种权威的长处而竭力地与自己或他人争论,相反最好应该先进行自我反省,向自己提出这样一个问题:"现在是什么样的焦虑使我想要逃到某个权威的羽翼之下?我自己有什么样的问题是我竭力想要逃避的?"

这一部分讨论的要点是,宗教是建设性的,因为它强化了个人的尊严感和价值感,帮助他树立了他能够确定生活价值的信心,并帮助他使用和发展他自己的道德意识、自由和个人责任心。因此，宗教信仰或者诸如祈祷这样的宗教实践本身不能被称为"善"或"恶"。相反，问题在于，对于某一个特定的个体而言，这种信仰或实践在多大程度上是他对其自由的一种逃避，是他"更少地"成为一个人的方式；或者它在多大的程度上是一种强化他行使其责任心与道德力量的方式。《马太福音》关于耶稣的寓言中所赞誉的不是那个心存畏惧、"埋葬"其才能的人，而是那些能够勇敢地使用其才能的人，而这些"善良而有忠心的人"会得到更多的力量。

## 创造性地利用历史

在最后一本著作①的最后一段中，年高德勋的弗洛伊德引用了歌德的这首诗：

> 你们从父辈们那里继承而来的是什么，
> 获得它并将其吸收转化成你自己的。

现在我们来看一下，一个人在道德与宗教传统中是如何从其父辈们那里获得遗传的。我们将这一部分放在宗教——力量或懦弱的源泉之后，是因为如果不澄清依赖性的问题，那么谈论传统是毫无意义的。如果一个成年人已经获得了某种自由以及作为自我的同一性，那他就拥有了从他所处社会的过去传统中获得智慧并将其转化为自己所有的基础。但是，如果没有这种自由，传统就会阻碍而不是丰富他的智慧。传统可能会变为一套内化了的交通规则，但是它们对一个人的内在发展将几乎没有或完全没有富有成效的影响。

正如我们在第二章中所看到的，我们这个时代的混乱之一是，我们已经在很大程度上失去了我们与过去智慧的创造性联系。亨利·福特（Henry Ford）在20世纪20年代说的一句话"历史已经不存在

---

① 引自 *Psychoanalysis*。

了"获得了广泛的注意,并引起了很多争论。这样一个问题竟然也能引起讨论,仅仅是这个事实就表明,在当时对传统的反叛是相当盛行的。但历史是我们社会公有的躯体:我们生活、行动并存在于其间;切断自我与历史的联系或者坚持说历史是毫无意义的,就像说"我的身体已经不存在了"一样不合情理。

为自己不对其社会的宗教传统有任何兴趣而感到骄傲也属于这同一范畴。在20世纪20年代,甚至从某种意义上说包括后来的一段时间,在久经世故的人们中间通常存在这样一种态度,即认为对宗教传统的漠不关心是解放的一种标志。事实上,接受过教育的人可能羞于承认自己对经济学或文学一无所知,但是却会为自己对宗教领域一窍不通而感到骄傲——或者是为这一事实而感到骄傲,即他们只知道早期在主日学中所学得的关于小说的零散分类以及教义问答手册。我们在前面一部分所讨论的依赖态度以及这些老于世故的态度有着同样的结果:它们都切断了个人与"父辈们智慧"的一个重要部分之间的创造性联系。这种情形不仅对于社会,而且对于个人自己来说都是不幸的。因为它使人失去了他历史躯体的一个重要部分,从而在相当大的程度上导致了我们这个时代弥漫性的困惑以及个人的无根感。

因此,无论我们是"知识分子"、"久经世故的人",还是仅仅是在一个困惑的、复杂的时代寻找方向的机敏的普通人,重要的是提出这样一个问题,一个人应该怎样与继承而来的传统相联系才能使个人自己的自由与个人责任心在这个过程中不会被牺牲掉?

首先,有一个原则是很清楚的:一个人的自我意识越强,他就越能从其父辈们那里获得智慧并将其转化为他自己的东西。那些被传统力量所征服,无法在传统面前立足并因此向其投降、切断自己与它的联系或起而反抗的人,从其自己的个人同一性这种意义上说,是软弱的人。一些现代艺术家不敢看文艺复兴时期的绘画以免自己受到影响,就是一个很生动的例子。作为自我之力量的显著标志之一是,让自我沉浸于传统之中同时又能保持自己独特的自我的能力。

这就是文学、伦理学或者其他任何领域中的经典著作所应该做的事情之一。因为一部经典著作的本质在于，它来源于人类体验的最深处，就像关于以赛亚、俄狄浦斯或老子的"道"，它在若干个世纪以后生活在迥然不同的文化之中的我们听来，就像是我们自己体验的声音一样，它能帮助我们更好地认识自己，并通过在我们内心引起共鸣（可能我们自己并不知道存在有这种共鸣）而使我们更加充实。正如赞美诗的作者所说，"至深者呼唤至深者"。我们无须为了同意这一观点，即一个人越能深入地了解自己的体验（例如在面对死亡、体验爱或者处于家庭的基本关系之中时），他与其他时代、其他文化中的其他人的相似体验的共同点就越多，而在字面上赞同荣格的原型或"集体潜意识"概念。这就是为什么索福克勒斯的戏剧、柏拉图的对话以及大约两万年前一些匿名的克罗马农人在法国南部一些洞穴的墙上所画的驯鹿与野牛的壁画，比5年前的大多数著作和绘画更具表达力，更能在我们当中引发更大反应的原因。

但是，一个人越深刻地挖掘他自己的体验，他的反应和成果就会越具独创性。这里有一个表面上真实的悖论，每一个人在其自身的体验中无疑都知道它是正确的，即一个人越能深刻地面对和体验历史传统中所积累起来的财富，那他同时就越能越独特地认识自己、成为自己。

因此，这场战争不是个体自由与传统本身之间的战争。问题又一次在于如何利用传统。倘若一个人问道，"传统（如伦理学中像十诫、登山宝训这样的传统，或者艺术中像印象派这样的传统）要求我些什么呢？"那他就是把传统派到了权威主义的用场。于是传统不仅会压制他自己的活力和创造性洞见，而且还会成为他逃避为自己的选择负责任的一条便利捷径。但是如果他问道，"在特定的时候对于我自己的问题，传统会教会我关于人类生活的什么东西呢？"那么他就是在利用历史传统中所积累起来的智慧财富以丰富和指导作为一个自由个体的自己。

要与宗教传统中遗留下来的智慧建立一种创造性的关系，首先必须要做的事情之一是，摒弃诸如关于"相信上帝的存在"的争论这类腐化的宗教讨论。使这个问题成为中心问题的倾向——好像上帝是一个可以与其他物体放在一起的"物体"，它的存在可以被证明或证伪，就像我们可以证明或证伪一个数学命题、一个科学事实一样——表明了我们在现代所存在的分裂现实的倾向。那么遵循笛卡儿遗留给我们的两分法，我们就会倾向于认为，所有的一切都必须经由与力学和物理科学相符合的方法的证明。

将上帝视为一个实体，视为一种高居于苍穹中无人所知的地方并与其他存在形成鲜明对比的一种存在，这种观点是一种原始观念的残余，其间充满了矛盾，不堪一驳。保罗·蒂利希最近出版了一本书，这本书已经被学者们认为很可能是20世纪至今最为重要的神学著作，他在书中指出，赞成上帝的存在与反对它的存在暗含了同样多的无神论成分。"确定上帝的存在与否认其存在同样都是无神论的。上帝是存在本身，而不是一种存在。"①

我们将宗教定义为生活具有意义这样一种假设。一个人笃信宗教或缺乏宗教意识，不是表现在一些思维的或言语的阐述上，而是表现在他的整个生活定向上。宗教是个体视为其终极关注的东西。在一个人确信人类生存中有值得为之生并为之死的价值这一点上，我们可以看到他的宗教态度。

显然，我们不是说所有宗教传统或态度都同样具有建设性：它们也可能是具有破坏性的，这可以在纳粹的宗教狂热或宗教法庭中得到例证。对于神学、哲学和伦理学来说，所要解决的问题一直都是，在

---

① Paul Tillich, *Systematic Theology*. University of Chicago Press, 1951.

科学和人类历史的帮助下，决定什么样的信念是最具建设性的，是与人类生活的其他真理最为一致的。我们希望强调的一点是，从心理学的角度讲，宗教可以被理解为是人与自己的存在相联系的一种方式。"是什么树就结什么果，"埃里希·弗洛姆完全正确地指出，"一个神秘主义者对上帝（他所说的上帝，指的是笃信宗教的人所固有的信念，而不是超脱于尘世的信条）的信仰与一个无神论者对人类的理性信仰之间的区别，较之于前者与一个加尔文教徒的信仰（他对上帝的信仰植根于他对自己无能为力的确信以及对上帝力量的恐惧）之间的区别要小得多。"①

当一个人能够创造性地在道德与宗教传统中与其父辈们的智慧相联系时，他就会发觉，他重新发现了自己感受惊奇的能力。不言而喻的是，在现代社会，这种积极主动地、反应性地感受惊奇的能力在很大程度上是缺失的。这就是我们这个时代许多人感到空白与空虚的一个方面。

惊奇可以用许多方式来加以描述，康德说，"使心灵感受到惊奇的有两样东西，人心中的道德法则以及头顶之上的灿烂星空"（后一点是弗洛伊德所赞同的），亚里士多德指出，惊奇就是当我们看悲剧时紧扣我们心弦的使我们产生同情感和恐惧感的一个方面，它能使灵魂得以净化。尽管惊奇当然不是宗教领域独门所有，但从传统上看却与其有着密切的联系；而我认为，当惊奇经常出现在科学家或艺术家身上时，它乃是这些非宗教职业的宗教方面。那些对宗教真理或科学真理持有刻板观点的人会变得更加教条主义，并会失去其感受惊奇的能力；而那些"获得了其父辈们的智慧"但没有放弃自身自由的人会发现，惊奇增添了他们的热情，并使他们更加确信生活中的意义。

惊奇的重要性构成了耶稣高度重视儿童的态度的基础："除非你

---

① *Man For Himself*, Rinehart & Company, p. 210.

变成一个小孩，否则你无法进入神的王国。"这句话与"孩子气"或"幼稚行为"毫无关系，它指的是儿童感受惊奇的能力，这种能力同样也能在最为成熟、最具创造性的成人身上发现，他们可以是像爱因斯坦这样的科学家，也可以是像马蒂斯（Matisse）这样的艺术家。惊奇与玩世不恭、厌烦无趣相反，它指的是一个人具有高度的活力，是充满兴趣、满怀期待、反应迅速的。从本质上说，它是一种"开放的"态度——是这样一种意识，即生活比我们已经了解的还要更多，生活中还有更多新展现的体验需要我们来探索，还有许多新的深奥事物需要我们去探测。这也不是一种容易掌握的态度。约瑟夫·伍德·克鲁奇（Joseph Wood Krutch）写道，"感受惊奇这种才能很容易使人厌倦，……人类在本性上是这样一种创造物，对他来说，发出惊讶的感叹比作出进一步的探究要更为自然一些，如果不是这样的话，生活将会显得比现在丰富得多。"

惊奇是人们所坚持的生活中具有终极意义和价值的东西的一种机能。尽管它可能会被一部悲剧所掩盖，但它不是一种消极的体验；因为它从本质上说是对生活的一种扩展，所以与惊奇相伴随的总体情感是欢乐。歌德说，"人所能企及的最高峰是惊奇，而且如果一个原初的现象使他感到惊奇，那么就让他为此而感到满足吧；因为这是它能给予他的最高的奖赏了……"

惊奇还会伴随着谦卑而来——这种谦卑不是屈服顺从这种假谦卑，这种假谦卑通常是骄傲自大的方面，而是宽宏大量的人所拥有的谦卑，这些人能够接受"赐予"他的东西，就像他能够通过自己的创造性努力给予他人东西一样。在这一点上，这个历史上的术语"恩典"（grace）有着丰富的意义，尽管事实上在许多人看来，这个词在很大程度上与"上帝恩典"这一腐化形式是等同的。我们可以说一只鸟的飞翔是优雅的（graceful），一个孩子的动作是优雅的（grace），一个慷慨大方之人是优雅的（graciousness）。恩典是某种"赐予"的东西，是一种显露出来的新的和谐；而且它总能"使心灵感到惊奇"。

我们必须强调的是，在每一次使用这些术语——惊奇、谦卑、恩典——时，其内涵并不像一些传统的宗教态度所表明的那样是指这个人是被动的、是被作用的。在我们的社会中，存在着一种极为常见的错误看法，认为一个人会"完全地沉湎于"创造性的出神、爱着的那个人或者宗教信仰。这就好像是一个人是通过万有引力而"坠入"情网的，或者是由于被"天狗"咬住不放，或者是在一种"不能自制"的状态中作曲、绘画。令人惊奇的是，这些被动的思维方式在我们的文化中是多么盛行，而它们又是如此错误。任何艺术家、作家或音乐家——那些被认为是处于"不能自制"状态之中的人——都将会告诉你们，在创造性体验中，他自己就会产生极度增强的意识和非常强烈的能动性。如果用性关系来作比喻，这就好像是一个人通过"让自己完全沉湎于其中"来想象性交，没有勃起，没有动作，因此也没有与对方发生相互关系。这种被动性在性关系中与在其他创造性活动中一样都是不起作用的。甚至容易引起反应也意味着充满活力。克莱斯勒（Kreisler）的音乐对于一个烂醉如泥的人、一个目空一切的人或者一个其他方面发育不全的人来说，是没有任何影响的。当然，恩典或者任何体验的特定性质都是与个人的参与程度成正比的。在治疗当中，有一个病人很简单但却绝妙地表达了这一点，"上帝的恩典就是改变的能力"。

我们在此所推荐的作为创造性地利用传统的方法，使得我们用一种新的态度来看待良心成为可能。众所周知，良心通常被看做是人内心之中发出的传统的消极之声——它是从西奈山上的摩西（Moses）那里开始一直回荡着的"汝不可"的声音，是若干世纪以来社会教导其成员的禁令的声音。于是，良心成了一个人的活动的紧箍咒。

这种把良心视为告诉个体不要做什么的禁令的倾向非常根深蒂固，以至于它似乎是自动地对人起着作用。当我在一所大学跟一个班的学生讨论这个问题时，一个学生自告奋勇地站起来说，积极肯定地使用一个人的良心是完全可能的。在我同意他的观点并请他举例说明时，他说，"当你不想去上课时，你的良心会告诉你让你去上课"。我指出，这个句子实际上是个否定句。于是他又思索了片刻，给出了另一个例子，"当你不想学习时，你的良心会让你学习"。起先他完全没有意识到这个例子也是否定的。在每个例子中，良心都被看做是反对一个人之被推测"想要"做的事情；它是一个监工，是一条鞭子。这里意味深长的一点是，这个年轻人在他的例子中根本就没有谈到良心是一种指导，可以帮助他从课堂中获得最大的价值，也没有谈到良心是他自己在研究和学习过程中内心最深处的目的和目标的声音。

良心不是一套世代相传下来用以压制自我、抑制其活力与冲动的禁令。良心也不能被看做是与传统相分离的，就像在自由主义时期就暗含了这样的意思，即每一个人都应该重新为自己的每一个行动作出决定。相反，良心是人发掘自己更深层面上的洞见、道德敏感性以及道德意识的能力，在这个更深的层面上，传统与即时体验不是相互对立而是相互关联的。这个词的词源学揭示了这一点。良心这个词由两个拉丁文单词组合而成，一个是"scire"，意即"认识"，另一个是"cum"，意即"凭借"，它与意识这个词非常接近。事实上，在一些国家如巴西，"良心"和"意识"是用同一个词（consciencia）表示的。当弗洛姆说良心是"人的自我回想"时，这种回想与历史传统本身并不对立，而只是与传统的权威主义用法相对立。因为个体可以在某一个层面上参与到传统之中，而在那个层面上，传统会帮助他找到他自己最有意义的体验。

因此，我们希望强调良心的积极方面——良心是个体发掘其自身内在的智慧与洞见的方法，是一种"开发"，是扩大体验的一种指导。这就是尼采在其题为"超越善恶"的赞美歌中所提到的，也是蒂利希在其超道德的良心这个概念中所指的含义。从这个观念出发，"良心会把我们所有人变为懦夫"这句话便不再正确。相反，良心将会成为勇气的源泉。

## 》人的价值评判力

在讨论我们社会中价值中心的丧失时，一些读者可能会认为所需要做的只是制定出一套新的价值观。而另一些人可能会想，"过去的价值观并没有什么问题——如爱、平等、人与人之间的情谊等。我们只需要恢复这些价值观就可以了。"

这两种观点都没有看到这个主要的问题——现代人已经在很大的程度上失去了确定与信奉任何价值观的能力。不管这些价值观的内容可能会有多么重要，也不管这种或那种价值观从字面上看可能会多么合适，个体所需要的是一种更为重要的能力，即价值评判的能力。在诸如希特勒法西斯主义这样的运动中，野蛮状态之所以不会获得成功，是因为人们只是"忘记"了我们社会的道德传统，就像人们可能会错放一个代码一样。人本主义关于自由和为了最广大人民的最大利益的价值观、希伯来基督教关于共同体和爱陌生人的价值观，仍然出现在教科书中，仍然在主日学中被教给学生，因此并不需要考古学探险队来发掘它们。相反，人们现在已经失去的是——其原因我们已经在第二章讨论过——确定、体验价值观与目标对于他们自己而言是真实有力的内在能力。

而且，说启程去"寻找"一种价值的中心，有点人工化，就好像我们是去买一件新衣服一样。在个人自身之外发现价值观的努力通常会使个体不知不觉地陷入群体对他的期待是什么这个问题——就像在买衣服时一样，价值观中现今流行的"风格"是什么？而正如我们已经看到的，这已经成了我们社会中出现空虚这种趋势的重要方面。

甚至在"关于价值观的讨论"这句话中也存在一些问题。一个人绝对不可能通过理性的辩论来获得他对价值观的信念。一个人实际上

## 第六章 | 创造性的良心

确实很看重的生活中的东西——他的孩子们，他对孩子们的爱，孩子们对他的爱，他在看戏、听音乐或打高尔夫球时所获得的乐趣，他为其工作而感到的骄傲——所有这些他都视为现实。他会认为对这些价值观（例如，他对孩子们的爱、他在音乐中所获得的乐趣）作任何理论上的讨论如果不是不得要领，也是不相关的。如果你非要他谈，他会说，"我看重孩子们对我的爱，是因为我实际上能体验到这种爱"，而如果你更进一步地逼问以激怒他，他很可能会说，"如果你自己没有体验过这种爱，那我就无法向你解释了"。在实际生活中，真正的价值观是我们所体验到的与我们活动的现实密切相关的东西，而任何口头上的讨论都是次要的。

我们并没有打算"用心理学来分析"价值观，也并不是说，凡是一个人此刻所赞同的就是"好的"和"正确的"。我们也没有暗示任何对人类科学、哲学以及宗教在澄清价值观中之作用的贬低。实际上，我认为，为解决现代人能够以什么价值观作为其生活准则这一关键问题，我们需要所有这些学科共同作出贡献。

但我们确实是想强调，除非个体自己能够确认这些价值观；除非他自己的内在动机、他自己的道德意识在开始就已经出现，否则任何关于价值观的讨论都不会产生什么真正的影响。道德判断和道德决定必须植根于个体自己的评价能力之中。只有当在自己的所有层面上确定一种行动的方法，并以此作为他看待现实并作出与此相关的选择的方法的一部分——只有这样，这种价值观才会对他自己的生活具有有效性和说服力。因为这显然是他能够或愿意为他的行动承担责任的唯一方法。而且这是他愿意从他的行动中学习下次如何更好地行动的唯一方法，因为当我们机械地、墨守成规地作出行动时，我们是看不到细微差别、新的可能性以及每一个情境与其他情境所不同的独特之处的。而且，只有当一个人选择了这个行动并在意识之中确定了这个目标时，他的行动才会具有信念和力量，因为只有这样他才能真正地信奉他所做的事情。

老查拉图斯特拉（Zarathustra）曾经说，人真的应该被称为"价值评判者"，"任何人都不能不先作出价值评判而生活；然而，倘若一个民族要想持续下去，它就不能以他人的评判来作为自己的评判……评判就是创造；听啊，力行创造的人们！评判本身就是被评判之物的财富和珍宝。价值只有通过评判才能实现；没有评判，生存这个难以解决的问题就将是空洞的。听啊，力行创造的人们"！

让我们更为具体地来看一下一个人是如何作出道德选择的。诚然，每一个行动中都包含了无数的决定论因素，但是在个人作出决定的那一刻，某件事情发生了，但它不仅仅是这些限定性力量的产物。

例如，当一个人来到码头登上一艘汽船准备去参加一次演讲时，被罢工纠察队员的纠察线拦住了。比方说，这是一次这样的罢工，即其正当性问题远远不是简单的一两句话就能说清楚的，就像最近纽约港两个搬运工人工会之间发生的争论那样。我们可以假定，这个人所面对的，是一个对他来说强有力的道德问题——他要穿过纠察线吗？他可能用了一切的方法来努力确定这次罢工的正当性，掂量他自己这次旅行的必要性或者换其他的交通方式去参加演讲。但是在他决定是否上船这一刻，他全神贯注，并承担了他决定中的风险。不管他作出什么样的决定，这种风险都将是存在的。就像跳水这个动作一样，这个人的行动是完整地作出的，要么根本就不跳。诚然，我们所说的多少有些理想化；许多人都倾向于按照规则作出行动——"我从来都不会穿过纠察线"，或者"让这些罢工的人见鬼去吧"——并根据这种或那种方式用责任心来将其合理化。但是，只要这个人能够在任何行动中都实现他作为人的能力——也就是说，能够在自我意识中进行选择——那么他所作出的决定就会是一个相对的整体。这个整体的元素不是仅仅来自于他人格的完整——尽管他越成熟，他就越能够以这种方式作出行动。相反，它来自于这样一个事实，即任何在自我意识中所选择作出的行动，都是对自我的一种考验；它包含了一种承诺，在某种程度上是一种"跳跃"。这就好像是一个人在说，"就我此刻的认识而言，这就是我选择要做的，即使我明天可能会了解更多并作出不同的选择"。

这个人的选择行动本身给这幅画面增加了一种新的元素。这个构形发生了改变，即使这个改变很小；有人将自己的重量加在了天平的这边或那边。这就是决定当中的创造性动力元素。

众所周知，一个人会在多个方面受到"潜意识"力量的影响。但是人们通常忽略了这一点，即如果合理而非鲁莽、对抗性地作出有意识的决定，能够改变潜意识力量所推进的方向。这在心理治疗过程中当一个病人经过了几个月的努力想要作出决定，如离开家或者是独自找一份工作时所做的梦中非常绝妙地得到了例证。在这几个月中，他所做之梦的内容中关于这个问题的正反两个方面几乎是均等的，一些梦警告他要待在家中，而另一些梦则说最好还是离开。最后，他决定了要离开，他的梦一下子变得坚定地站在了肯定的一方，就好像是这个有意识的决定也释放出了某种"潜意识"力量。① 在我们身体内部，似乎存在着保持健康的潜能，而只有当我们作出一个有意识的决定时，这些潜能才会被释放出来。用比喻来说，个体的决定就好像是以色列人在他们反对西西拉（Sisera）军队的战争中所作的决定一样："晨星从天际支援，掠过天空攻击西西拉"，但这要到以色列人也决定了要进行战争以后。

因此，一个道德的行动必须是作出此行动的人所选择与确定的，是他内在动机与态度的一种表现形式。这个行动是诚实的、真诚的，这在于不仅要在梦中，而且还要在清醒的思维中确定这个行动。因

---

① 当然，可能还会有一种反作用——这是一种稍微有些不同的模式，与我们上面的观点并不矛盾。然而通常情况下，只有当个体太过迅速地作出决定时，也就是说，只有在他还没有准备好在所有层面上都这么做时，这种反作用才是强烈的。

此，一个有道德的人不会在意识的层面上表现得好像他爱某个人，而在潜意识的层面上他却憎恨他。诚然，没有一种诚实是完美的；人类的所有行动都存在某种矛盾心态，而且没有任何动机是完全纯粹的。一个道德的行动并不意味着，一个人必须作为一个完全统一的人而作出行动——毫无疑问，根本就没有这个意思——否则的话，这个人将永远也无法行动。这个人将会一直面对斗争、怀疑和冲突。它仅仅是指，一个人已经努力尽可能地从自我"中心"出发作出行动，而且他承认并意识到了这一事实，他的动机不是完全明确的，他有责任在以后通过学习使其变得更为明确。

在对道德行为之内在动机的这种强调中，现代心理治疗的发现与耶稣的道德教义有着最为明显的相似之处。因为在耶稣的伦理道德中最为基本的一点是，他将强调的重点从十诫这种外在规则转到了内在动机上。"从心中发出的是生活的问题。"他坚持认为，生活的道德问题不是简单的"汝不可杀人"，而是对待他人的内在态度——愤怒、愤恨、剥削性的"心中的贪欲"、"抱怨"、"妒忌"，等等。外在行动与内在动机相一致之人的完整性，所指的就是耶稣登山宝训论福所讲福音中的"心地纯洁"这句话。因此，克尔凯郭尔将他的一本小说取名为《心之纯洁即是要立志行事》（Purity of Heart Is to Will One Thing），这本书是对从《圣经》中所引用的一句话的讨论，他将其翻译为，"净化你们的心灵吧，你们这些口是心非的人！"

一些人将会对这样一种内在性道德所给予的自由感到恐惧，他们还会对这种道德置于每个人的决定之上的责任也感到焦虑不安。正如那位宗教法庭庭长所说，他们可能会渴望"规则"、绝对以及"严格的古代律法"，这会使他们解除"自由选择所带来的这种可怕负担"。而在对规则的渴望中，人们可能会断言，"你们关于内在动机和个人决定的道德会导致无政府状态——因为那样的话，每个人都能为所欲为！"但是，自由不可能由于这样一种论点而被消除。因为对于某个特定的人而言是"诚实的"、"正确的"东西，与其他人所认为的正确的东西并不是完全不一样的。蒂利希博士说过，"构成宇宙的诸多原理必须从人身上寻求"，反之亦然，即在人的经验中所发现的东西，在某种程度上是对宇宙之真理的一种反映。

这可以在艺术中清楚地得到例证。如果一幅画不诚实，那它就绝不可能是美的，而只要它是诚实的，也就是说，表现了这位艺术家直接的、深切的以及独特的感觉与体验，那么它将至少拥有了美的开端。这就是为什么孩子们的艺术作品（当该艺术作品是他们单纯而诚实之感觉的表达时）几乎总是很美的原因：他作为一个自由的、自然的人，所画的任何一笔都将是优雅与韵律的开始。和谐、平衡与韵律是宇宙的原理，它们存在于原子与星球的运动之中，同时它们也是我们关于美的概念的基础，同样，它们也存在于身体以及自我的其他方面的韵律的和谐与平衡之中。但当这个孩子开始临摹，开始为了得到大人的赞赏而作画或根据规则作画时，线条就会变得刻板、压抑，而优雅也就逐渐消失了。

在宗教史上，"内心之光"传统中的真理是，人必须总是从自身开始做起。迈斯特·爱克哈特（Meister Eckhart）曾说，"没有认识自己的人是不可能认识上帝的——飞向灵魂，那是至高者的秘密之所"。克尔凯郭尔将这条真理与苏格拉底联系到了一起，他写道，"在苏格拉底看来，每一个人都是他自己的中心，而且整个世界也都集中在他身上，因为他的自知是对上帝的一种认知"。这并不是道德和美好生活的全部内涵，但是显然如果我们不以此为开端，那我们将一事无成。

# 第七章
# 勇气，成熟的美德

在任何时代，勇气都是人类穿过从婴儿期到人格成熟这条崎岖之路所必需的简单的美德。但是，在一个焦虑的时代，在一个道德群集与个人孤立的时代，勇气是一种必不可少的东西。在社会习俗作为更为一致的指导的时期，个体在他的发展危机中也将更必然地受到暗中的压制；但是在像我们的时代这样的过渡时期，个体在更小的年龄就要依赖于自己，并且这种依赖要持续更长的时间。

专门用一章来论述勇气可能显得有些奇怪，因为在过去的几十年中，我们通常倾向于把勇气归为已经过时的骑士的美德，或者最多承认它对于参加体育运动的年轻人或参加战争的士兵来说是必需的。但是我们之所以能够这样忽视勇气，仅仅是因为我们将生活过分简单化了：我们压抑了自己对死亡的意识，对自己说幸福和自由会自动地出现，并且假定孤独、焦虑和恐惧总是神经症的，而且它们可以通过更好地适应得到克服。是的，神经症焦虑和孤独能够而且也应该被克服：在克服它们的过程中，所需的最主要的勇气在于采取措施以获得专业的帮助。但是，还有一些正常焦虑的体验是任何一个发展中的个体都要面对的，而正是在面对而不是逃避这些体验的过程中，勇气才显得重要。对于每一个人来说，只要他继续成长，继续向前进，那么勇气就是一种基本的美德。正如埃伦·格拉斯哥（Ellen Glasgow）

所说，勇气乃是"唯一一种持久的美德"。

我们所指的主要并不是在面对外在威胁，如战争和氢弹时所需的勇气。相反，我们所说的勇气乃是一种内在的特性，是一种将个人的自我与个人的可能性相联系的方式。当这种涉及个人自我的勇气获得以后，人们就能以镇定得多的方式来面对外在情境的威胁。

## 》成为自我的勇气

勇气是一种人们在面对获得自由时所产生的焦虑的能力。它是一种分化的意愿，是一种摆脱对父母的依赖这个受保护的王国，走向自由和整合这一新层面的意愿。对勇气的需要不仅出现在那些脱离父母之保护最为明显的阶段——例如，在自我意识诞生时，离开家去上学时，青少年时期，恋爱、婚姻出现危机时以及在面对最终的死亡时——而且还出现在一个人从熟悉的环境跨越种种边境走进不熟悉之环境这个过程中的每一个步骤之间。正像神经生物学家库尔特·戈德斯坦（Kurt Goldstein）博士很合理地提出的，"勇气归根到底只是一种对存在之震动所作出的肯定性回答，它是人之本性的实现所必需的"。

勇气的反面并非懦弱，而是勇气的缺失。说一个人是懦夫就像说他很懒一样，是毫无意义的：它只能告诉我们，某种极其重要的潜能还没有被实现或受到了限制。正如人们竭尽全力想理解在我们这个特殊时代的这个问题一样，勇气的对立面是自动顺从（automation conformity）。

今天，成为自我的勇气几乎不会被尊崇为最高的美德。一个困难在于，许多人仍然将这种勇气与 19 世纪后期自力更生的人们那种令人窒息的态度联系在一起，或者与诸如《不屈者》（*Invictus*）这样的诗中所表现出来的无论多么真诚但却有些荒谬的"我是自己命运的主人"这一主题联系在一起。带着某种程度的赞同态度，今天有许多人认为，坚持自己的信念表现在"伸出脖子，出人头地"这样的习惯用语中。这个毫无防御的姿势最主要表示的是，任何过路人都可以挥动手臂击中这个伸长的脖子，并砍下那颗头。人们还可以将坚持自己的信念描述为"处于有一只手被夹住的境地之中"。这又是一幅怎样的画面啊！在人有一只手被夹住时，他所能做的唯一的事情就是爬回去，锯掉这只手，保存生命，像伊卡洛斯（Icarus）殉难似的但却很可能毫无用处地坠海而死一样富有戏剧性，或者一直待在这个有一只手被夹住的境地之中，像印度的看树人一样过着呆板单调的生活，受到那些并不重视看树人的大众的奚落，直到这只手由于其自身的固定负载而脱落。

这两个习惯用语都突出了这一事实，即人们最为恐惧的是脱离群体、"鹤立鸡群"、不能与群体打成一片。人们缺乏勇气，是因为他们害怕被孤立、孤独，或者害怕遭受"社会孤立"，也就是说，害怕被嘲笑、被奚落或者被拒绝。如果一个人重新融入了人群之中，那他就不会冒这些危险。而且这种被孤立绝不是一种很小的威胁。沃尔特·坎农（Walter Cannon）博士关于"巫毒教死亡仪式"的研究表明，原始人可能真的会由于在心理上与社会隔绝而死亡。现在已经观察到这样一些关于土著人的案例，当他们被社会排斥，而且其部落对待他们的方式就好像他们不存在一样时，那么事实上，他们便会逐渐地"枯萎"并死亡。而且，威廉·詹姆士也已经提醒我们说，由于社会不认可"而被杀死"这种表达方式中所包含的真理要比其中所包含的诗意要多得多。因此，人们对于冒着被群体抛弃的危险而坚持他们自己的信念害怕得要死，就并不是神经症想象的臆造了。

在我们这个时代，我们所缺乏的是一种对苏格拉底或斯宾诺莎所拥有的友好的、温暖的、切身的、独特的、建设性的勇气的理解。我们需要恢复一种对勇气的积极方面的理解——作为成长内在方面的勇气，作为个人自我生成（becoming）的一种建设性方式的勇气，这种自我生成要先于献出自我的力量。因此，当我们在本章强调坚持个人自己的信念时，我们所指的根本就不是生活在一种分离的真空中；实际上，勇气是所有创造性关系的基础。以性爱为例：我们已经看到，男人身上出现的许多性功能障碍问题都是由于对女人的害怕，而这种害怕又是由于他害怕自己的母亲而引起的，这是其焦虑的一个焦点，可以象征性地表现为他们害怕阴茎在插入时被吸住而夺走，害怕女人对他们的操控，或者害怕自己对女人的依赖，等等。在治疗中，这些问题的根源都必须用相当特别的方法来加以消除。但是当问题的根源被消除以后，这种神经症焦虑就会被克服，因此勇气必须与关联的能力同时出现，继续以性爱为例，在性爱中，这种勇气象征性地，而且也确实表现在主动性交所需的勃起和坚持这种能力上。性爱这个类比同样也适用于生活中的其他关系：不仅维护个人的自我需要勇气，献出个人的自我同样也需要勇气。

从古老的关于普罗米修斯的故事开始直到今天，人们已经认识到，创造需要勇气。巴尔扎克从他自己的经验中很好地认识了这个真理，他曾对这种勇气进行过非常生动的描述，让我们引用他的话来代为说明：

在艺术中，最应得到最高赞誉的品质——而且这里所说的艺术必须包括人脑所能创造的一切——是勇气；这种勇气是凡夫俗子完全不懂的，也许是第一次在这里加以描述……诚然，为了精美的作品而计划、梦想、想象是一件让人愉悦的事情……但是创作，就像母亲生孩子，要千辛万苦地把婴儿抚养长大，要给他喂饱奶水，把他放到床上，每天早上都要以无穷无尽的母爱把他抱起来，要给他擦洗干净，要无数次地给他穿上可爱的衣服，尽管他会一次又一次地把衣服扯掉；母亲永远都不会由于这种烦乱生活的骚动而感到泄气，她使其成了一种生活的杰作，这种杰作使雕塑家眼花缭乱，使文学家心醉神迷，使画家过目不忘，使音乐家心潮澎湃——这是一项富含技巧的工作。艺术家在每一时刻都准备着让那只进行创造的手服从大脑的指挥。大脑的创造性时刻是没有规律的……这种创造性工作是一种令人疲倦的斗争，同时他又被那些本性敏锐而有力的人们恐惧着、深爱着，而这些人通常在这种工作的重压之下身心崩溃……如果艺术家不加反省地不能像一个跳入壕沟的战士那样全身心地投身于他的工作；而且如果在那个弹坑中，他不能像一个由于岩石的倒塌而被深埋的矿工那样拼命地挖掘……那么他的作品将永远也无法完成；它将会夭折在他的工作室中，而在那个工作室里，创作已经变得不可能，而这位艺术家也只能眼睁睁地看着他自己的才能的消亡……正因为如此，那些颁发给伟大的将军们的奖金、成就、荣誉同样也应该颁发给伟大的诗人们。①

现在，我们通过精神分析的研究了解到了巴尔扎克当时并不知道的东西，即创造性活动之所以需要如此大的勇气，其原因之一在于，创造就意味着要摆脱过去婴儿时期的依赖关系，意味着要打破旧的井然有序的关系，这样新的关系才能诞生。在艺术、商业以及其他领域中创造外在性的作品，与创造个人的自我——也就是，发展个人的能力，使自己变得更为自由、更有责任心——是同一过程的两个方面。每一个真正具有创造性的活动都意味着获得一种更高水平的自我意识和个人自由，而且正如我们在普罗米修斯与亚当的神话中所看到的，要获得一种更高水平的自我意识和个人自由可能会涉及相当大的内在冲突。

有一位风景画画家，他的主要问题在于摆脱他自己与一心想要占他为己有的母亲之间的关系，很多年来，他一直想要画肖像画，但却从来都不敢下笔。最后，他鼓足了勇气，在三天的时间里"全心投入"，画了几幅肖像画。这些画都非常出色。但是非常奇怪的是，他

---

① Honoré de Balzac, *Cousin Bette*. New York, Pantheon Books, p. 236—238.

不仅感觉到了相当大的喜悦，同时也感觉到了强烈的焦虑。第三天夜里，他做了一个梦，在梦中，他的母亲告诉他他必须自杀，然后他就带着一种可怕的、无法抵抗的孤独感给朋友们打电话，向他们作最后的告别。实际上，这个梦要说的是，"如果你要创造，那你将离开你所熟悉的一切，而且你将会孤独和死亡；因此最好待在这个熟悉之地，不要创造"。当我们看到这种强有力的潜意识威胁的本质时，非常意味深长的是，整整一个月他再也没有画肖像画——也就是说，直到他克服了梦中所出现的那种焦虑的反攻之后，他才开始画肖像画。

在巴尔扎克优美的措辞中有一点是我们所不同意的，也就是，这种勇气是"凡夫俗子完全不懂的"。这种错误的出现是由于他将勇气与显然引人注意的行动（如战士的冲锋陷阵或米开朗琪罗为完成西斯廷教堂拱顶的绘画而作的努力）等同了起来。凭我们现在对心理的潜意识作用的了解，我们知道，在几乎每一个人的梦中以及在很难作出决定时所出现的更为深层的内心冲突中，他们进行斗争所需的勇气与战士冲锋陷阵所需要的勇气是一样的。将勇气视为"英雄们"以及艺术家的专利仅仅表明，人们对于几乎所有活着的人的内在发展的深奥程度了解得是多么少。在一个人脱离群体——象征性地说是子宫——以成为一个独立个体的每一步中，勇气都是必需的；这就好像是在每一步中，他都要遭受他自己之新生的剧痛。无论是战士敢冒死亡危险的勇气还是小孩子离开家去上学的勇气，勇气都意味着放开熟悉之物与安全之物的力量。勇气不仅在一个人偶尔为自己的自由而作重大决定时是必需的，日常生活中琐碎的小决定同样也需要勇气，这些小决定就像砖头，构建起了他的自我大厦，使他成为一个能够自由而负责任地行动的人。

因此，我们现在所谈的不是英雄。实际上，诸如奋不顾身这样显而易见的英雄主义通常是某种完全不同于勇气的东西的产物：在最后一次战争中，空军中那些"很火"的飞行员显得非常勇敢，敢于冒险,但是他们通常却不能克服自己内在的焦虑,于是不得不以外在的奋不顾身而招致危险,以此对其进行补偿。勇气必须被看做是一种内在的状态;否则外在的行动就可能让人产生非常大的误解。伽利略表面上向宗教法庭作出了妥协,同意宣布放弃他关于地球围绕太阳旋转的观点。但是重要的是,据传,他内心仍然是自由的,正如在他的旁白中所表明的,"地球仍然确实绕着太阳旋转"。伽利略能够继续从事他的工作:任何外人都无法说另一个人的什么决定是对自由的放弃,什么决定又是对自由的坚持。我们可以想象,逃避自由的诱惑可能存在于伽利略内心的某个声音之中,"绝不同意——像一个殉难者那样死去,这样就可以从必须继续从事这些新的科学发现中解脱出来了!"

因为与对抗性地支持外在的自由相比,要保存内在的自由,要在个人的内在旅程中继续向前进入新的领域需要更大的勇气。因此,成为殉难者通常会容易一些,这就像在战场上奋不顾身一样。尽管听起来很奇怪,但是自由的稳定坚韧的成长很可能是最困难的一项任务,所需要的勇气是最大的。因此,如果"英雄"这个词一定要用在这个讨论之中,那么它所指的绝对不是杰出人物的特殊行为,而是每一个人身上都潜存的英雄主义的元素。

231　　并不是所有勇气根本上都是道德的勇气吗?通常所说的身体上的勇气,指的是冒忍受身体疼痛之危险的能力,它所指的可能仅仅是身体敏感性方面的一种差别。孩子或成年人是否有勇气进行斗争,只在很小的程度上取决于所涉及的疼痛的大小。而在很大程度上取决于这个孩子是否敢于冒险面对父母的不赞许,或者他是否能够忍受树敌所带来的更多的孤立,或者他在潜意识之中为自己所选择的作为获得其安全感的一种方法的角色,是支持他自己还是通过顺从和"假装孱弱"而竭力被人喜欢。那些能够全身心地进行斗争而且没有内在冲突的人报告说,通常情况下,身体的疼痛会由于这种冲突所引起的兴趣而被克服。而且,这种所谓的敢冒死亡危险的身体上的勇气难道不也

## 第七章 | 勇气，成熟的美德

真的是一种道德的勇气吗？这种勇气是为了比个人的存在本身更为有价值的东西而奉献自己，并因此在需要的时候放弃自己生命的勇气。

根据我的临床经验，个人勇气发展的最大障碍在于，他不得不接受一种并非植根于他自己的力量的生活方式。我们可以在一个年轻人的案例中看到这一点，他前来进行心理治疗，是因为他具有同性恋的倾向、强烈的焦虑感和孤立感以及反叛的倾向，这种反叛倾向会经常干扰他工作。在小的时候，他被人看做是一个胆小鬼，尽管几乎每天都会挨同学的揍，但他却从来都不敢打架。他是家里六个小孩中的老小，上面有四个哥哥，老五是一个姐姐。姐姐在小时候就去世了，他那个在生了四个儿子之后非常想要一个女儿的母亲非常伤心。于是，她变得非常亲近这个最小的儿子，并开始像对待女儿一样对待他，还把他穿得像一个女孩。对他来说，发展女性的兴趣爱好，不和其他男孩一起运动，不打架（即使他的哥哥们提出如果他打架就奖励他钱），都是非常符合逻辑的发展：他绝对不能冒险失去他在母亲那里的位置。因为很明显，如果他接受母亲为他提供的这个女孩子的角色，那他就能得到接受和赞同——但是作为第五个儿子，他的位置在哪儿呢？他的母亲实际上已经在潜意识中拒绝他了，因为他事实上不是一个女孩；如果他的行为方式像一个男孩，那他就会被她憎恨，认为他是她没有女儿的象征，他会使她想起她的小女儿已经死了。这些显然与他天生的男性倾向相反的要求，会导致巨大的愤恨、怨恨，到后来还会导致反叛——所有这些他都不敢朝他的母亲表现出来。他作为一个男性的勇气的发展之基础已经从他内部被抽走了。作为一个成人，他现在在社会性反叛行为方面表现出了巨大的勇气；如果有人号召起来反抗男性权威，他肯定会一马当先加入到这个冲突之中。但是当要他反抗任何比他大的女人，也就是，任何他母亲的替代者而出现问题时，他都会惊恐万分——虽然在这个时候他母亲实际上已经去世了。他不敢去冒险面对的，是最终遭到他自己心中的母亲意象的反对以及

*232*

与这种意象的隔离。

因此，如果一个人一直都是实践着父母眼中的他的某个角色——这个意象是他所坚持的，而且会使它永久地存在于他心中，那么他便不能知道他所信奉的是什么，更不要说坚持他所信奉的东西或者是知道他自己的力量是什么。在他开始行动之前，他的勇气是一片空白，因为在他心中没有真正的基础。

正常情况下，一个孩子能够一步一步地将自己与父母分化开来，一步一步地成为自己，而不会出现不能忍受的焦虑。就像他学爬楼梯一样，尽管会出现一次又一次的摔倒所带来的疼痛和挫折感，但是最终会发出胜利的欢乐笑声，因此在正常情况下，他能够一步一步地摸索着获得他自己在心理上的独立性。由于意识到了父母对他的爱，并且意识到了存在着一种与他的不成熟程度相称的安全感，因此他能够与父母在特殊的场合产生危机以及诸如关于上学等问题的危机，而他成长的勇气也不会被淹没。他无须在更大的程度上（与他所准备好的相比）孤军奋战。但是如果其父母像上面那位母亲一样，想要强迫孩子接受某个角色，想要支配或过分保护孩子使他们摆脱他们自己的焦虑，那么他所面临的任务就会变得困难得多。

在内心对其自身的力量感到怀疑（这种怀疑通常是潜意识的）的父母，通常倾向于要求他们的孩子要特别勇敢、独立和富有进取心；他们可能会给儿子买拳击手套，逼迫他们在很小的时候就加入竞争性的群体，而且在其他方面，他们还坚持要孩子成为一个"男子汉"，而他们在内心里感觉到自己不是这样的男子汉。一般而言，逼迫孩子的父母，与那些过分保护孩子的父母一样，其行动比其语言更为有力地表明，他们自己对孩子是缺乏信心的。但是，正如没有孩子会由于受到过分保护而发展出勇气一样，被逼迫的孩子也是不会发展出勇气的。他身上可能会出现固执或恃强欺弱的倾向。但是，他的勇气的发展，只能是他对自己的力量以及作为一个人生来就有的特性充满信心的结果，而这通常是不能用言语来表达的。这种信心的基础是他父母对他的爱以及对他的潜能的信任。他所需要的既不是过分的保护，也不是逼迫，而是有人帮助他使用和发展他自己的能力，最重要的是，帮助他感觉到他的父母是把他看成一个独立的个体的，而且他们是因为他自己的独特能力和价值观而爱他的。

当然，只有极少数的父母会要求孩子接受异性的角色。更多的父母通常会要求，孩子能够学会父母所属社会群体的社会礼节，能够获得好成绩，能够被推选进入大学的各种协会，能够在每一方面都"正常"，这样就不会被人议论，能够找到一个合适的伴侣或者继承父业。而当儿子或女儿遵从了这些要求，他们通常会合理化他们的行动，说他们需要给予孩子父母的支持，不但是经济上的，还有其他方面的支持，即使他们并不信任这些孩子。但是在一个更深的层面上，通常还存在另一种动机，这种动机甚至与勇气问题更为贴近。也就是说，不辜负父母的期望是获得父母的赞美与表扬，并继续做"父母的宝贝"的方式。因此，虚荣与自恋是勇气的敌人。

我们将虚荣与自恋界定为想要得到表扬、被人喜欢的强迫性需要：为此人们会放弃他们的勇气。这个虚荣的、自恋的人由于过于看重自己，所以从表面上看他似乎过分保护他自己，不会冒任何风险，而且在其他方面的行为表现也像是一个懦夫。但是事实上，情况正好相反。他不得不把自己当成一件商品来保存着，借此他可以买到他所需要的表扬和喜爱，更确切地说，因为如果没有母亲或父亲的表扬，他就会觉得自己是毫无价值的。勇气来自于一个人的尊严感和自尊感；而若一个人没有勇气，则是因为他太过小看自己。那些需要其他人不断地说"他真好"、"真聪明"、"真善良"，或者说"她真漂亮"的人是这样的人，他们之所以照顾自己，并不是因为他们爱自己，而是因为漂亮的脸蛋、聪明的脑袋或绅士的行为是他们买得父母赞许的手段。这就导致了一种对个人自我的轻视：因此，许多其品质会使他们大受公众称赞的很有天赋的人，在私下接受心理治疗时都会坦白，说感觉自己像一个骗子。

虚荣与自恋——想要得到赞美与表扬的强迫性需要——会削弱一个人的勇气，因为这个时候他是凭着他人的信念，而不是他自己的信念来进行斗争的。在日本电影《罗生门》中，当那位丈夫和盗贼他们自己选择要打斗时，他们就可以毫无约束地进行打斗。但是在另一个场景中，当那位妻子尖叫着奚落他们时，他们打斗是为了要做到她对他们的男性本色的要求而作出的强迫性行为，他们没有使出全部的力量进行打斗：他们使着相同的拳脚套路，但是这就好像是有一根无形的绳子在牵制着他们的手臂。

而且，当一个人作出行动是为了获得他人的表扬时，那么这个行动本身就是一种生动的对其心中存在虚弱感和无价值感的提醒：否则的话，他就没有必要滥用自己的态度。这通常会导致"怯懦"感，这种感觉是最让人痛苦的羞辱——这种羞辱又有意强化了个人被征服的痛苦。由于敌人比自己强大而被打败，或者甚至由于自己没有反抗而被打败，这还不怎么糟；但是，知道自己是个懦夫，因为自己为了与胜利者相处融洽而选择了背叛了他自己的力量——这种对自己自我的背叛是最为痛苦的屈辱。

在我们的文化中，对于为什么为取悦他人而作出行动会削弱勇气，还有特定的原因。因为这样的行动至少对男人来说通常意味着要扮演不武断、不放肆、"文质彬彬"的角色，而当一个人被期望变得不武断时，他又怎么能发展其力量，包括其性能力呢？对女人来说也是如此，这些获得赞美的方法妨碍了她们与生俱来的潜能的发展，因为她们的潜能从来都没有被使用过，甚至都没有出现过。

在我们这个顺从的时代，勇气的标志是人坚持自己信念的能力——并非固执地或对抗性地坚持（这些都是防御而不是勇气的表现形式），也不是一种报复反击的态势，而仅仅是因为这些是他所坚信的。这就好像是一个人通过他的行动在说,"这就是我的自我,我的存在"。勇气是一种肯定的选择,而不是一种因为"我别无选择"而作出的选择;因为如果一个人别无选择,那还有什么勇气可言呢?诚然,有时候人们不得不简单地带着顽固的决心坚守着他凭借勇气而赢得的阵地。这样的时候在治疗中是屡见不鲜的,当一个人获得了某种新的成长后,他必须能够抵挡得住内心焦虑反应的反攻以及朋友与家人的攻击,他们觉得如果他仍然像过去一样,那他们将感到更为舒服一些。最多将出现大量的防御性行动;但如果一个人已经征服了某种值得为之防御的东西,那么他所作出的防御就是愉悦的,而不是消极的。

在一个人的发展中,如果勇气开始出现——也就是说,当一个人开始摆脱那种致力于得到他人对他的赞美这种模式时——有一个中间的步骤通常会出现。诚然,处于这个阶段的人有着独立的立场,但是他们是在这样一个法庭中为其行动作出辩护的,这个法庭的法律条文正是由那些他们一直以来竭力想取悦的权威所制定的。这就好像是独立战争前的美国殖民地居民,他们要求得到自由的权利,但是他们却不得不根据那些由他们向其要求得到权利的人所制定的法律条文来进行诉讼。治疗中处于这个阶段的人通常会确确实实地梦到他们竭力地想劝服父母承认他们动机的正当性以及他们成为自己的"权利"。在很多人向自由与责任心发展的过程中,这个阶段很可能是他们所能达到的最高点。

但是归根结底,这种半途而废使人陷入了一种没有希望的两难境地之中:因为承认其父母或父母的替代者起草法律条文的权利并在他们的法庭里与之辩论,他就已经默认了他们的统治权了。这就表明了他没有自由,而且如果他坚持获得自由,他就会感到内疚。我们已经看到,这正是卡夫卡的小说《审判》中的主人公所处的困境,他总是被捕,因为他竭力地想以他的起诉者的完全权威为根据进行诉讼。于是，他陷入了无望的挫折境地，而且非常符合逻辑的是，他还被迫陷入了他只能向他们乞求的境地。设想一下，如果苏格拉底在被审判时竭力以雅典人的假设和他们的法律来反驳对他提出起诉的雅典人，那么又会发生什么样的情况呢？由于他的预先假定，"雅典人啊，我将服从的是上帝，而不是你们"，世界上的一切便迥然有异了，正如我们在上面已经看到的，对他来说，这个先决条件指的是他要在自己的内心最深处为自己找到行动的指南。

需要最大勇气的最难迈出的一步是，否认那些曾经在其期望之下生活的人立法的权利。而且这也是最为可怕的一步。它意味着人要为自己的标准和判断承担责任，即使他知道他自己的标准和判断是多么的有限和不完善。保罗·蒂利希所说的"接受自己的有限性的勇气"就是这个意思——他坚持认为，这种勇气是每一个人都必须具有的基本勇气。这是成为并信任一个人的自我的勇气，尽管实际上人是有限的；它意味着即使人知道他不能得到最终的答案，而且他很可能是错误的，但也仍然要去行动，去爱，去思考，去创造。不过，只有勇敢地接受自己的"有限性"，并在此基础上作出负责任的行动，一个人才能发展出他确实拥有的能力——尽管这些能力远非绝对的。要这么做，需要预先假定我们在本书中已经讨论过的自我意识发展的许多方面，包括自律、进行价值评判的能力、创造性的良心以及与过去智慧的创造性联系等。显然，这一步需要相当程度的整合，而它所需要的勇气乃是成熟的勇气。

## 爱的前奏

我们并不打算非常详细地讨论关于爱的具体问题，这不仅是因为这个主题在本书始末已经被无数次地提及，而且还因为对于我们现在的人来说，真正的问题是爱的准备本身，即要变得能够爱。能够给予并接受成熟的爱是我们评价完善人格的一条合理的标准。但是正是由于这个原因，这个目标只有在与一个人已经在多大的程度上完成了成为一个独立个体这个先决条件成正比时才能实现。因此，这一整本书，而不仅仅是这一部分，都可以被称作是一个"爱的前奏"。

首先应该注意的是，在我们的社会中，爱实际上已经是一种相对罕见的现象了。众所周知，有成千上万的关系都被人们称作爱：我们无须列出"爱"与浪漫歌曲和电影中出现的情感冲动以及各种各样关于恋母情结的、"回到母亲怀里的"主旨之间的所有混淆之处。没有哪一个字所使用的含义比爱这个字更为丰富，但是其大多数含义都是不诚实的，这表现在它们掩盖了关系中真正的、潜在的动机。但是也有许多其他被称作爱的关系是相当健全而诚实的——诸如父母对孩子的关爱以及孩子对父母的关爱、性之激情或者对孤独感的分担；而当人们透过我们这个孤独而顺从的社会中个体生活的表面，通常就会又一次发现这个令人吃惊的事实，即甚至在这些关系中，爱的成分实际上也是非常少的。

当然，大多数人类关系的产生都源于许多混杂在一起的动机，而且还包括结合到一起的许多不同情感。男女之间成熟的性爱通常是两种情感的融合。其一是"爱欲"——即指向对方的性驱力，这是个体实现自我需要的一部分。2500年前，柏拉图将"爱欲"描绘成是每一个个体都具有的将自我的成分相统合的驱力——即每个人都具有的想要找到那个原初的"阴阳同体的生物"另一半的驱力，这个"阴阳同体的生物"是神话中出现的，他既是男人又是女人。男女之间成熟的爱的另一要素是，对对方之价值观与价值的肯定，这在我们下面关于爱的定义中将会谈到。

但是，就算动机与情感是混合在一起的，就算爱不是一个简单的主题，在一开始，最重要的事情还是给我们的情感以正确的称谓。而要开始学会如何去爱，最具建设性的方法就是了解我们为何不能去爱。当我们承认我们的处境就如奥登的《焦虑的时代》中那位年轻人的处境一样，那么至少我们就已经开始这么做了：

> 因此，学会去爱，最后他被告知
> 要先知道他何以不能爱。

正如我们已经看到的，我们的社会是4个世纪以来自由竞争的个人主义的结果，他们将凌驾于他人之上的权力视为主导的动机；而我们这个特殊的一代是大量的焦虑、孤独以及个人空虚的产物。这些绝不是为学习如何去爱所作的很好的准备。

当我们从民族关系的层面上看这个问题时，也得出了相似的结论。人们很容易就产生这样一个令人鼓舞的观点，"爱将解决一切问题"。诚然，这个发狂世界的政治和社会问题，显然迫切需要共情的态度、富于想象力的关注以及对邻居和"陌生人"的爱。我在别的地方已经指出，我们社会所缺乏的是以有社会价值的工作和爱为基础的共同体的体验——而由于共同体的缺乏，我们就会陷入其神经症的替代物，即"集体主义神经症"①。但是告诉人们根据事实本身他们应该去爱是无济于事的。这只会助长虚伪和假冒，而在爱的领域中我们已经有了虚伪和假冒。与直率的敌意相比，假冒与虚伪对于学习去爱而言是更大的阻碍物，因为前者至少可能是诚实的，因而可能是可以对付的。仅仅是大肆宣扬这样的观点，说只要人们能够去爱，世界上的敌意与仇恨就将会被克服，这只会招来更多的虚伪。当然，对于国际关系中每一项新的肯定其他国家和群体之价值观与需要的行动，如马歇尔计划，我们都应欣喜地欢迎。至少，我们终于认识到，纯粹是为了我们自己的生存，我们也必须肯定其他国家的存在。但是，尽管这些教训是极大的收获，但我们却不能因此而得出结论说，偶尔为之的这种行动就证明我们已经学会了——在政治的层面上——去爱。因

---

① 见 Rollo May, *The Meaning of Anxiety*. New York, Ronald Press, 1950. Chapter 5.

此，又一次，如果我们竭力使自己成为能够去爱的个体，那我们将能为这个迫切需要关注邻居和陌生人的世界作出我们最为有用的贡献。刘易斯·芒福德（Lewis Mumford）说过，"就像和平一样，那些呼吁爱的声音最响的人，通常在行动上表现得最少。使我们自己有能力去爱并乐意于接受爱，是整合的最重要的问题；实际上它也是拯救的关键"。

在我们今天，对于什么是爱是混淆不清的，以至于我们很难找到一个公认的爱的定义。我们将爱定义为一种由于另一个人的出现而产生的喜悦以及对自己的价值观与发展和他的价值观与发展的肯定。因此，爱总是包括两个要素——一是另一个人的价值与美德，二是自己在与他的关系中所获得的欢乐与幸福。

爱的能力是以自我意识为先决条件的，因为爱需要有对另一个人产生共情的能力，需要有赏识和肯定他的潜能的能力。爱还以自由为先决条件；不是自由给予的爱当然不是爱。因为无法自由地去爱另一个人或者碰巧出生在某一个家庭中而与他相联系，从而去"爱"某个人，这也不是爱。此外，如果某人因为离不开另一个人而"爱"他，那爱就不是凭选择给予的；因为他不能够选择不爱。这种不自由的"爱"的标志是，它不作任何区别：它并没有将"所爱的"人的特质或他的存在与其他人的特质或存在区分开来。在这样一种关系中，你可能并没有真正地被那个声称爱你的人所"看到"——在他心里，你也可能会成了其他人。在这样的关系中，那个去爱的人和被爱的人都不是作为人而作出行动的；前者不是一个能够自由给予爱的主体，而后者主要是一个被依附的客体。

在我们社会中——其中有许多焦虑的、孤独的、空虚的人——有各种各样的依赖伪装成了爱。它们有着不同的形式，有互助或欲望的相互满足（如果用恰当的名称来称呼它们，可能会相当合理），还有各种"生意场"形式的人际关系以及显而易见的寄生性受虐狂。两个深感寂寞、空虚的人为了互相摆脱孤独，以一种心照不宣的契约联系到一起，这并不是很少发生的事情。马修·阿诺德（Matthew Arnold）在《多佛尔滩》（Dover Beach）中对此进行了优美的描述：

> 啊，爱人，让我们相互
> 以诚相待！因为这个像梦境般
> 展现在我们面前的世界，看起来
> 如此多样，如此美丽，如此新异，
> 但实际上却没有欢乐，没有爱，没有光亮，
> 没有必然，没有和平，也没有任何对疼痛的治疗；
> 而我们在这里，就好像置身于一片黑暗的平原之中……

但是，当"爱"被用于排遣孤独这一目的，其目的的达成只能以双方空虚的增加为代价。

如前所述，人们通常将爱与依赖相混淆；但事实上，只有与独立的能力成正比时，你才具有爱的能力。哈里·斯塔克·沙利文（Harry Stack Sullivan）曾令人吃惊地声称，一个孩子"在青春期之前是不可能学会爱任何人的。你可以使他在言行举止上表现得让你相信他可以爱人。但是他并没有爱人的真实基础，而如果你对他施加压力，就会产生糟糕的结果，他们当中有很多会患上神经症"[①]。这就是说，在这个年龄之前，孩子的意识能力和对他人作出肯定的能力还没有成熟，还不能去爱。作为婴儿和小孩子，他依赖于父母是相当正常的，而他事实上也可能非常喜欢他们，喜欢同他们在一起，如此等等。父母和孩子可以真诚地享受这样一种关系所能提供的幸福。但是，在父母应尽可能减少他们以救世主的身份出现在孩子面前，减少他们认为自己在大自然为孩子安排的生活中占有至高无上的重要性这

---

[①] 引自 Dr. Sullivan's paper in *Culture and Personality*, ed. Sargent and Smith, New York, 1949, p.194.

一倾向方面,注意到孩子对他的玩具熊、洋娃娃以及后来他真实喂养的小狗所表现出来的热情和"关爱",比他在与人的关系中所表现出来的要自然得多,这对父母来说是非常健康和宽慰的。玩具熊和洋娃娃不会对孩子提出任何要求;他可以在它们身上投射他的所有喜好,而且他不需要强迫自己超出他的成熟程度去对它们的需要进行共情。他喂养的那只活着的狗是无生命的物体与人之间的一个中介物。每一步——从依赖到可靠性再到相互依赖——都代表了儿童逐渐成熟的爱的能力的发展阶段。

正如弗洛姆及其他人所指出的,在我们社会中,使我们不能学会去爱的一个主要原因是我们的"市场取向"。我们用爱来做买卖。许多父母期望孩子爱他们,以此作为对其照顾他们的回报这一事实,就是对此的一个很好的例证。诚然,如果父母坚持要得到回报,那孩子将学会假装做出某些爱的行为表现;但是结果早晚都会证明,一种被要求作为回报的爱根本就不是爱。这样的爱是一栋"建立在沙土上的房子",而当孩子长大成人时,这栋房子就会坠毁倒塌。为什么必须要将父母养育孩子、保护孩子、送他去学校以及后来送他上大学的事实与他对父母的爱联系在一起呢?从逻辑上推断,我们可以认为,这个儿子也应该爱站在街道拐角处的那个交警,因为他保护他不被车压着,他也应该爱军队中的炊事班班长,因为他为他提供了食物。

这种要求的一种更深层的形式是,孩子应该爱父母,因为父母为他作出了牺牲。但是,牺牲可能仅仅是另一种讨价还价的形式,它可能在动机中与肯定他人的价值观与发展毫无关系。

我们——从我们的孩子以及其他人那里——接受到的爱,并不与我们的要求、牺牲或需要成正比,而是粗略地与我们自己爱的能力成正比。而我们爱的能力反过来又取决于我们首先要成为独立的人的能力。从本质上说,爱意味着给予;而给予需要一种自我情感的成熟。爱体现在我们在上文中所引用的斯宾诺莎的话里,即真正爱心广博的上帝是不会要求爱的回报的。这就是艺术家约瑟夫·宾德（Joseph Binder）曾提到过的态度："艺术的创造要求艺术家有能力去爱——即给予而不考虑回报。"

我们不是在把爱说成是一种"放弃"或自我克制。只有当个体拥有可以给予的东西时，只有当他的内心存有力量的基础时，他才能给予。在我们社会中最为不幸的是，我们竭力地通过将爱等同于软弱（weakness），使其远离攻击和竞争性的胜利而获得净化。实际上，这种思想的灌输已经取得了非常大的成功，以至于人们普遍形成了这样一种偏见，即人越软弱，他们爱得就越多；而强者是不需要去爱的。难怪作为爱之酵母的温柔（tenderness，没有温柔，爱就会像没有发酵的面包一样沉闷、沉重）通常会受到轻蔑，而且常被排除在爱的体验之外。

人们忘记了一点，即温柔与力量是联系在一起的：当一个人非常坚强有力时，他就很可能是文雅的；否则温柔和文雅就是依附的幌子。我们这些单词的拉丁文词源是很能说明问题的——"美德"（virtue，爱当然是其中一种）来自于词根 vir，意即"男人"（这里指的是男性的力量），而"男子气概"（virility）这个词也由此派生而来。

一些读者可能会问，"但是，一个人在爱中不会丧失自我吗？"诚然，在爱中就像在创造性意识中一样，人确实会与对方融合在一起。但是这不应该被称为"丧失自我"；同样像创造性意识一样，这是自我实现的最高层次。例如，当性是爱的一种表达形式时，那么在性高潮时刻所体验到的情感就不是敌意或胜利，而是与对方的合而为一。当诗人们讴歌爱的狂喜时，那不是在骗我们。就像在创造性狂喜中一样，正是在自我实现的那一刻，个人暂时地跨越了两个本体之间的障碍。这是一种个人自我的给予，同时也是一种个人自我的发现。这样一种狂喜代表了人类关系中最为完美的相互依赖；与创造性意识中同样的悖论在这里也适用——只有当一个人首先获得了独立、成为一个独立个体的能力，他才能在狂喜中融合自己的自我。

我们不想让这个讨论成为对追求尽善尽美的一种忠告。也不想排除或贬低所有其他积极的关系，例如友谊（这也可能是亲子关系的一个重要方面）、各种程度的人与人之间温暖与理解的交流、性愉悦与性激情的分享，如此等等。让我们不要陷入这个在我们社会中非常常见的错误之中，认为理想意义上的爱是至关重要的，这样一来，个人便别无选择，只得承认自己从来没有发现这个"无价的珍品"或者诉诸虚伪，竭力地使自己相信他所感觉到的所有情感都是"爱"。我们只能重复这句话：我们建议用恰当的称谓来称呼这些情感。如果我们不再竭力劝服自己相信爱是很容易的事情，如果我们在一个时时刻刻都在谈论爱但却很少有爱的社会里现实地放弃对爱的虚幻伪装，那么我们学会去爱的进程将会非常充分地展开。

## ❯❯ 认识真理的勇气

在他突然闪现出来就像闪电照亮整片新大陆般的格言中，尼采声称，"错误即懦弱！"这就是说，我之所以没能认识真理，其原因不在于我们没有读足够的书，没有取得足够高的学位，而在于我们没有足够的勇气。

我们所说的"真理"并非仅仅指科学事实，甚至也不是主要指科学事实。关于事实的问题在于要准确。如果你回想一下最近困扰你的十几个问题——也就是说，对于这些问题，你必须要反复思考、"细细咀嚼"才能找出你所认为的那些正确的东西——你将会发现，这些问题很少（如果有的话）与能够被科学事实证明的事情有关。做什么样的工作，自己是否坠入了情网，怎样帮助孩子解决在学校中遇到的社交问题或者在这样那样的事情中自己的感觉是什么、想要得到什么——正是这些问题在白天占据着人们的思想，甚至还会出现在夜晚的梦中。技术上的论证很少能帮助人们解决这些问题。人们只能冒险，而个人能否找到最佳的答案，几乎完全取决于他的成熟程度和勇气。甚至在科学真理被归纳为公认的程式前人们对其的探索过程中，如哥伦布之证明地球为圆形的冒险以及弗洛伊德的早期探索，真理的发现在很大程度上依赖于探究者的内在特质，如诚实、勇气。

哲学家叔本华（Schopenhauer）在写给歌德的一封信中，为我们描绘了一幅认识真理所需的内在斗争的生动画面。在告诉歌德他在思想的概念形成后对其思想进行完善的过程中所作出的艰苦努力时，叔本华写道，"……然后我站在自己的灵魂之前，就像一个冷酷无情的法官站在一个躺在肢刑架上的犯人面前，一个问题一个问题地问他，直到所有问题都弄清为止。教义和哲学中都充满了这些错误和难以形容的愚蠢，在我看来，所有这些错误和愚蠢几乎都是由于缺乏这种诚实所致。真理之所以未被发现，并非由于没有寻求，而是由于人们总想再次发现自己某种或其他事先想好的观念，或者至少不要去伤害某种他特别喜爱的观念，而由于带着这种目的，他就会使用托词来反对其他人以及这位思考者他自己。拥有能够用坦荡的胸怀来面对每一个问题的勇气是成为一个哲学家所必需的。他必须像索福克勒斯笔下的俄狄浦斯那样，为了弄清他可怕的命运，不屈不挠地进行探寻，甚至当他预知最后的答案中会有令人震惊的恐怖真相在等着他时也没有放弃。但是，我们大多数人的心境却都像伊俄卡斯忒（Jocasta）一样，她恳求俄狄浦斯看在上帝的面子上不要再进一步探寻了；而我们总是向她让步，而这就是哲学为什么毫无建树的原因……哲学家（必须）毫不容情地质问自己。不过，这种哲学勇气并非来自于反思，也不能从坚决果敢中挤出来，它只是一种生来就有的心智倾向"。

我们同意叔本华的观点——就像精神分析学家费伦茨（Ferenczi）在引用这封信时也同意他的观点一样——即如果一个人想要认识真理，这种诚实就是必需的，而这种诚实并不是来自于理智本身，而是天生的自我意识能力的一部分。但是，我们不同意他关于"与生俱来的倾向"的观点，因为这意味着人将对此无能为力。这种诚实是一种道德态度，包括勇气以及个人与其自我关系的其他方面；它不仅能够发展到某种程度，而且如果一个人想要实现他作为人的自我，那么这种诚实就必须得到发展。

叔本华恰当地引用了俄狄浦斯王来阐明认识真理所需的巨大勇气，并引用了这位既是妻子又是母亲的伊俄卡斯忒的话来作为逃避认识真理的诱惑。俄狄浦斯下定决心弄清他所怀疑的围绕他出生问题的可怕的、难以理解的事情，将那位在多年以前受命杀死还是一个婴儿的他的老牧羊人招来。这位牧羊人是唯一一个能够回答关于俄狄浦斯是否真的娶了他的母亲这个问题的人。在索福克勒斯所写的剧本中，伊俄卡斯忒竭力地想劝阻俄狄浦斯：

　　……最好将生活看轻松一些，
　　作为一个人，可以……
　　为什么要问与他说话的是谁呢？
　　不，永远不要在意——也永远不要记得——

当俄狄浦斯坚持要这么做时，她叫道，

　　不要探寻了！我对此很讨厌，这就够了！……
　　不幸的人，你是谁，哦，你可能永远也不会知道！

但俄狄浦斯并没有因为她的歇斯底里而放弃：

　　我不会听你的话——我要知道整个真相……
　　不管发生什么事情，我都不会犹豫，
　　尽管它可能会降低我的身份，但我还是要追寻我的出身。

当那个牧羊人叫道，

　　哦，现在要我说，吓死我了！

俄狄浦斯回答说：

> 我要听。但是我必须要听——一个字都不能少。

当俄狄浦斯知道自己杀死了父亲并娶了自己的母亲伊俄卡斯忒这个可怕的真相后，他刺瞎了自己的双眼。这是一个非常重要的象征性举动——"自我盲目"事实上是人们在遇到深刻的内心冲突时所作出的举动。他们弄瞎了自己的双眼，这样他们就能在某种程度上与周围的现实隔离开来。既然俄狄浦斯在知道自己过去的生活方式只是一种幻想之后做出了这样的举动，那我们就可以把这一举动看做是对人在认识关于自己及其出身的真理时所面临的"有限性"和"盲目性"这一悲剧性困难的象征化。

俄狄浦斯的处境可能看起来有些离奇，但是他认识真理的斗争与我们日常生活进程中所面临的斗争之间的差异只是程度上的差异，而不是类别上的差异。这出戏给我们描绘了一幅在我们寻找关于自己的真理时所遭遇的内心痛苦与冲突的古老但却常新的画面。是戏剧的这一方面，而不是俄狄浦斯与他的母亲同床共寝这一事实，使得弗洛伊德选择这一神话的举动成了一种天才的举动，得出了恋母情结的理论。因为寻求真理总是要冒着发现自己不愿看到的事情的危险。它要求人与自己的自我之间要有健全的关系，要对终极的价值观有信心，这样他才敢于冒自己的生活信念和日常价值观有可能被连根拔起这样的危险。因此，我们毫不奇怪帕斯卡尔会这样说，"在人类生活中，一种对智慧的真正的爱是相对罕见的"。

像我们已经讨论过的人的其他独特特征一样，认识真理也取决于人的自我意识能力。这样，他才能超越即时的情境，才能够在想象中竭力"稳定地看待生活，将其看做是一个整体"。通过这种自我意识，他还能够在内中进行探求，并在那里找到在每一个用耳朵去倾听的人身上都或多或少能够得到证明的智慧。

正如柏拉图所报告的那样，古希腊人认为，我们是通过"回忆"

来发现真理的，也就是说，通过"回想"，通过凭借直觉在我们自身的经验中进行探求来发现真理。在对此的一个著名论证中，苏格拉底找来一个没有受过教育的小奴隶梅诺，想仅仅通过向他提问来证明整个毕达哥拉斯原理。我们没有必要接受柏拉图像神话一样的解释——他认为，我们每个人在前世存在于天堂时，脑子里都被注入了"理念"，而知识就是一种对这些理念的回忆——但我们承认，这种现象本身是一种非常常见的体验。我们每个人在整个生命历程中——可能尤其是在生命最初的几年——所观察、体验、"学习"到的东西远比我们意识到的要多得多，而为了达到父母、老师以及社会习俗的要求，我们不得不将其锁在那个所谓的潜意识的高阁中。有格言说，"讲真话者，唯孩童和疯子"——而不幸的是，孩童很快就学会了不讲真话。当我们变得足够清醒、敏感、勇敢和警醒时，我们就会获得这种"被遗忘的"贮藏在潜意识之中的智慧。

因此，这种流行的认为人们之所以不能认识真理是因为其自我阻碍了他们的观点是错误的。使我们"戴着墨镜看世界"并歪曲我们所见到的一切的，并不是自我；而是神经症需要、压抑以及冲突。这些东西使得我们将自己的某种偏见或期望"转移"到他人以及周围的世界身上。因此，正是由于自我意识的缺乏，才使得我们将错误称为真理。一个人越是缺乏自我意识，他就越会遭受焦虑、非理性愤怒以及怨恨的折磨；而愤怒通常会阻止我们使用更为敏锐的直觉方法来感受真理，焦虑总是会阻碍我们。

同样，如果一个人在认识真理的过程中竭力地将自我排除在外，也就是说，如果他假装自己像一个立于奥林匹斯山巅审视一切的与现实相脱离的法官一样得出自己的结论的话，那么他就会成为更大的幻想的牺牲者。既然他断定，他的真理是绝对的，完全不受他自己的个人利益的影响，而不仅仅是他自己最为诚实的近乎等同于真理的东西，那么他就有可能成为一个危险的教条主义者。在对人类的直接需要、欲望和斗争进行抽象时，只有技术性的问题才有可能是正确的。事实上，逃避认识真理的最常见方法之一——心理治疗中的知识分子通常所使用的特殊形式，即"阻抗"——是从问题中得出一个抽象化的、逻辑化的原理，而且通常情况下，通过这种足够聪明的理智化，人们能够找到一种让人着迷的看起来很好的解决方式。但是，你瞧，我们后来发现，所有这些卓越的理智化根本就不能解决现实中的问题，而且事实上，它却恰恰是一种逃避问题的方法。

认识真理并不单是智力的一种功能，相反它是作为整体的人的功能：人是在作为一个思考—感受—行动的统一体向前发展时体验真理的。"我们爱的不是智力"，而是寻找真理的那个人。别尔佳耶夫在他的自传中写道，"我一生中都是一个学习者，但是我得到了普遍的真理，它是来自于我内心的通过行使我的自由而得来的我自己的真理，而我对真理的认识就是我自己与真理的关系"。

在前一章，我们曾指出，俄瑞斯忒斯说过，当他摆脱了乱伦的、婴儿期的束缚以后，他也就能够摆脱迈锡尼的偏见，能够摆脱每一个人只能从其他人的眼中和周围的世界来看待自己的倾向，从而变得更为自由了。因此，认识真理的能力与情感和道德的成熟是联系在一起的。当一个人能够以这种方式来认识真理时，他就获得了对自己所说的话的信心。他已经变得能够确信他"对自己的意向"的信念，并相信他自己的体验，而不是通过抽象的原理或通过被人告知。而且他还获得了谦逊，因为他知道先前之所见中有一部分是歪曲的，那么他现在所看到的也将有其不尽完美的成分。这种谦逊不会削弱个人坚持自己信念的力量，相反会为新的学习和明天新真理的发现敞开大门。

# 第八章
# 人，时间的超越者

然而，一些读者可能会提出另一个问题。他们可能会说，"讨论成熟的目标是非常好的，但是时间正在流逝。这个世界正处于半精神病的状态，而第三次世界大战的灾难就在眼前，人们怎么能够谈论自我实现所需的长期、稳定的发展呢"？

让我们更为具体地来阐述这个问题。例如，有一位年轻的丈夫，他在上次战争中曾是一位被授予勋章的中尉，现在是一家报纸的编辑。因此，据此推测，他的勇气不会比任何人少。就在出国参战前，他娶了一位迷人且很有天赋的女人。但现在他痛苦地发现，在他与妻子的关系中存在着严重的问题——这些问题在心理治疗的帮助下需要好几个月，甚至好几年时间的情感成长才能得到解决。他问心理治疗师，同时也是问自己，"值得为此付出努力和斗争吗，因为我很可能在不久以后将再次被征入伍，而在那之后的事情，谁知道呢？也许我应该让这场婚姻就此结束，然后在这以后不确定的几年时间里，维持一些碰巧遇到的短暂关系随便凑合着过算了"。

还有一个例子是一位年轻且才华横溢的大学讲师。他全身心地投入到他要写一本书的计划当中，写这本书可能需要五年的时间，而且写成以后将有望成为这个领域一个相当大的科学贡献。他开始进行心理治疗，是为了在克服一些障碍方面得到帮助，这些障碍使他不能创作出最佳的作品。他想知道,"如果写任何一本好书所需的几年时间都没有保证的话,那么人们怎么可能写出一本完整的书呢?一颗原子弹将很可能在此期间落在纽约——因此,值得动手去写吗"?这个关于时间的问题——还有多少时间?——因此成了许多现代人最为迫切的焦虑之中心。

诚然,在我们这个世界上,每一个人的个人问题和焦虑都与时间的流逝有关。众所周知,将时代的不安定作为自己患上神经症的理由,这是相当容易的事情。我们可能会叹息,"这是时代的混乱",然后就以此为借口,不再去探究自己内心是否存在严重的不协调。

但是,除了我们的神经症倾向喜欢伪装在"灾难性的世界形势"这句话背后这一事实外,这些发问者提出的这个问题在相当大程度上仍是完全现实与合理的。在未来相当长一段时间里,我们的世界将一直处于这样一个焦虑的时代:而每一个不愿选择实行鸵鸟政策的人都必须面对这一事实,并学会在不安定中生活。在像艺术家和知识分子等这样的智力圈子里,上面那两个人所表达的这种忧虑也体现在关于"我们生不逢时"这个主题的谈话中。在这类讨论的过程中,早晚会有人断言,最好还是生活在文艺复兴时期、古雅典、中世纪鼎盛时期的巴黎或者某个其他的时期。

以像"我们已经生在了这样一个时代,最好还是尽力为之吧"这样淡然的答案来回避这些问题,是没有任何好处的。相反,让我们来探究一下人与时间的关系——实际上,这是一种非常奇怪的关系——看看是否可以获得一些洞见,帮助我们使时间成为我们的同盟者,而不是敌人。

## 》 人并非仅靠时钟生活

我们已经看到,人的独特特征之一是,他能够超脱于当下的时间,往前想象将来的自己,往后想象过去的自己。一位将军在计划下周或下个月的一场战争时,他会在想象中预测,如果进攻这里,敌人将会怎样作出反应,或者当大炮朝那里开火时,将会发生什么样的情况;因此,通过战争爆发前几天或几个星期在想象中进行的仔细考虑,他能够让他的军队做好准备,尽可能避免每一个危险。

或者,一个正在准备重要讲话的演讲者能够——如果他是一个敏感的人,他就会这么做——回想起在其他某个时候,他曾作过一次相似的演讲。他会回顾听众是怎样作出反应的、演讲的哪些部分是成功的而哪些部分是不成功的以及他自己的哪种态度是最为有效的,等等。通过在想象中重新再现该事件,他就能从过去的演讲中学会如何更好地作这次演讲。

"瞻前顾后"的能力是人自我意识能力的一部分。植物和动物是靠量的时间而生活的:一个小时、一个星期或者一年过去了,一棵树的树干上又多了一个年轮。但是,时间对于人类而言却是大不相同的;人是一种能够超越时间的哺乳动物。阿尔弗雷德·科泽斯基(Alfred Korzybski)在其关于语义学的著作中,曾坚持认为,使人区别于其他所有生物的特征是,人具有固定时间(time-binding)的能力。科泽斯基说,关于固定时间的能力,"我指的是使用过去劳动与经验的成果,使其成为现今发展的智力资本与精神资本的能力……指的是人类越来越能够根据遗传下来的智慧来指导其生活的能力;指的是人类据此既是过去时代的继承人,同时又是子孙后裔的受托管理人的能力"。[1]

从心理和精神上看,人并不是仅靠时钟而生活的。相反,他的时间取决于事件的重要性。比方说,昨天一个年轻人乘坐地铁去上班和下班各花了 1 个小时,他那份相对无趣的工作花了他 8 个小时,下班后他与一个最近爱上并梦想与其结婚的女孩交谈了 10 分钟,傍晚他

---

[1] Alfred Korzybski, *The Manhood of Humanity*. Lakeville, Conn., 1950, p. 59.

在一个成人教育班上了两个小时的课。而到了今天，他对于昨天在地铁上度过的两个小时一无所忆——那是一种完全空白的体验，他和许多人所做的一样，只是闭着眼睛试图睡一觉，也就是说，他只是想中止时间直至到达终点。8个小时的工作只在他的脑海里留下了一点点印象；而对于夜校，他能想起来的也只稍微多一点点。但是与那个女孩交谈的10分钟却占据了他大部分的思想。那天晚上他做了4个梦——其中1个关于夜校，而另外3个都是关于那个女孩的。也就是说，与那个女孩交谈的10分钟比那天余下的20个小时所占据的"空间"还要多。心理时间并不是纯粹的所流逝的时间本身，而是体验的意义，也就是对于个人的希望、焦虑、成长而言重要的东西。

或者，以一个30岁的成年人关于其童年的记忆为例。在5岁那年，他经历了非常多的事件。但是到他现在30岁时，他能够回想起来的却只有三四件——一天他和朋友一起去玩，而他的朋友跟一个年龄大一点的孩子跑了，或者是那天早上他看到圣诞树下有一辆新的三轮脚踏车，或者那天晚上他父亲喝醉了回家，动手打了他母亲，或者是那天下午他养的狗丢了。这些便是他所能回想起来的一切，但是有趣的是，与昨天所发生的99％的事件相比，他能更为鲜明地记住25年前所发生的这些少数的事件。

记忆不仅仅是过去的时间在我们脑海中刻下的印记；它是一个守护者，守护着那些对于我们最深切的希望和恐惧而言有意义的东西。照此，记忆是又一个证据，它证明了我们与时间之间存在一种灵活且具创造性的关系，其指导性原则不是时钟，而是我们经验的质的意义。

这并不是说量的时间可以被忽略：我们只是已经指出，我们并不是仅仅靠这种时间而生活的。人一直是自然界重要的部分，涉及自然中的每一个方面；不管我们作何感想，我们将极少有人能够活过70或80岁。我们会变老，或者如果我们在紧张的状态下工作太长时间的话，那我们就会感到疲倦，而且我们无法逃避现实地对待时钟和日历的必要性。人会像其他所有生命形式一样死去。但是他是一种知道并且能够预见其死亡的动物。由于能够意识到时间，所以他能以某些特定的方式控制和使用时间。

一个人越能够有意识地指导自己的生活，他在使用时间时就越能够获得建设性的利益。但是，他越是顺从，越不自由，越未分化，也就是说，他越是并非通过选择而是被迫地工作，那么他就越会被量的时间所支配。他成了时钟或哨声的奴仆；他每星期教了多少多少节课或者每小时钉了多少多少颗铆钉，他感觉的好坏取决于那天是星期一——一周工作的开始，还是星期五——一周工作的结束；他估计自己报偿应该多少的标准是他投入了多少的时间。他越顺从，越不自由，时间就越能成为他的主人。就像被关在监狱中的人所作的准确得令人惊异的表述一样，他是在"侍奉时间"。一个人越缺乏活力——"活力"在这里被界定为具有有意识的生活方向——时间对于他来说就越是时钟上的时间。他越具有活力，就越依靠质的时间而生活。

正如E. E. 卡明斯（E. E. Cummings）所说，"认真生活的人才是真正地在生活，那个活到120岁的人也并不一定就是在生活。你说'一转眼就过完了一辈子'——这个陈词滥调是正确的，而且反之亦然，如一个人乘坐长途列车，会觉得这是一件令人厌烦的事情。你会阅读侦探小说来消磨时光。如果真的是大好的时光，为什么还要消磨它呢？"

在我们今天，一些关于"时间正在流逝"这个主题的焦虑来自于某种比迫在眉睫的战争和原子战争这一威胁更为深层的东西。因为在任何时代，时间的流逝都会使人感到惊恐。狗不会担忧又过去了一个月或一年；但许多人一想到这个时就会忧从心生。他们可能会感觉到，时间是他们主要的敌人，就像死亡的恐怖画面是可憎的收割者一样；或者他们会很释然地叹口气道，"时间是站在我们这边的"。关于时间使人们感到害怕的最为显而易见的例子是，他们对于变老的恐惧。但是这种恐惧通常只是这一事实的象征，即他们关于时间的意识，总会使他们面对他们是否活着、在成长或者仅仅是竭力避免最终的腐烂与消亡这个问题。我认为 C. G. 荣格的话非常确切，他说一个人害怕变老，是因为他现在并没有真正地在生活。因此，可以推出，克服关于害怕变老这一焦虑的最好办法就是，确保一个人在此时此刻是充分地活着的。

但是，甚至更为值得注意的是，人们之所以害怕时间，就像害怕孤独一样，是因为时间会引来空虚和令人害怕的"空洞"这个幽灵。在日常生活的层面上，这表现在对厌烦的恐惧之中。正如埃里希·弗洛姆所说，人"是唯一能够感到厌烦的动物"——而在这句简短的话语中，却蕴涵了重大的含义。厌烦是人类的"职业病"。如果一个人对于时间流逝的意识告诉他的只是日复一日，秋去冬来，除了时间一个小时接着一个小时地过去，生活中什么也没有发生，那么他就必须使自己感觉迟钝，否则的话，他就会遭受令人痛苦的厌烦和空虚。有趣的是，当我们感到厌烦时，我们倾向于昏昏欲睡——也就是说，抹掉意识，尽可能地让自己接近于"消亡"。每个人都会体验到某种厌烦；例如，人们必须多少有些按部就班地完成大量的工作；但是只有当这项工作不是个人的自我为了实现某个更大的目标之需而自由地作出选择与确认的时候，它才会变得难以忍受。

在一个不那么日常化的层面上，对人们来说，对空虚时日的预期是一件恐怖的事情，因为他们感觉到，如果他们无事可做，没有要参加的约会，没有具有规律性的计划，那他们就将会由于这种不确定性而"发疯"。当由于像麦克白身处的情形中那样的关于内疚和焦虑的特殊问题，或由于像我们今天许多人都体验到的那种内在空虚，而使得生活真的"毫无意义"，那么事实上，现实就是

　　　　明日，明日，复明日，

## 第八章 | 人，时间的超越者

日复一日地蹑步前进，
直到时间的最后一秒；
而我们所有的昨天照亮了傻子们
走向尘土一般的死亡之路。

在这种状态下，一个人的主要愿望是，像弗洛伊德所补充的那样"抹掉"时间，或者使自我对此麻痹。这些努力可能会表现为醉酒的形式，或者——在更为极端的情况下——表现为药物成瘾，或者表现为相对常见的形式，即尽力地填满时间使其"快速地流逝"。在一些语言中，如法语和希腊语，用于表示度假的表达是"我度过了多少多少时间……"在我们这个国家，所使用的是一个相似的定量术语，"我花费了多少多少时间……"如果大量的时间是在他们没有意识到的情况下流逝的，那么他们就会断言自己度过了一段"快乐的时光"，这是一个针对人们对时间之恐惧的奇怪的评论。因此，一段"美好的时光"被定义成了逃避厌烦。这就好像是人们的目标成了要尽可能地变得不敏感——正如弗雷德·艾伦（Fred Allen）所尖刻指出的，就好像生活"是一段无用的插曲，它扰乱了一种在其他方面令人愉快的非存在状态"。

一种神经症地、非建设性地使用个人能够意识到时间这种能力的方式是，推迟生活（postpone living）。人与树木以及动物不同，他被"赐予"了这种能力，能够超脱于当前，并利用过去或将来作为一种逃避。通过活在将来而回避当前的最经常被引用的例子，当然是关于这种信念的腐化的形式，即当前的冤屈将在天堂得到纠正，而后赏罚自会分明。就像沙俄时期那些保守宗教中的这些倾向，即通过向人们承诺将来会给予他们报偿而将他们的注意力从当前所遭受的社会与经济方面的不公正上转移开去，对此马克思曾合理地进行了抨击。因此，宗教实际上是一种鸦片，是一种麻醉人们的毒品。

在一个更为日常化的层面上，当面对他们当前生活中的某个问题时，许多人都倾向于提醒自己说"当我结婚以后"、"当我大学毕业以后"或者"当我找到一份新工作以后，情况就会好转起来"。实际上，许多人对于不愉快的感觉、厌倦感或无目的感所自动作出的反应都是，将心思从当前转开，转向未来，自问，"我必须期盼的是什么令人愉快的事情呢？"因此，对未来的"希望"实际上就会扼制现在。但是我们没有必要用这种"鸦片"的形式来使用希望。希望从其创造性与健康的意义上讲——无论这种希望是为了宗教的实现，还是为了幸福的婚姻，或是为了个人事业上的成就——能够而且也应该是一种给人以力量的态度，并把关于将来某一事件的喜悦部分地带到现在，这样，通过预期，我们就会变得更有活力，在当前更能够作出行动。

当然，回首往事与展望未来具有同样的逃避功能。无论某一难题出现在当前的什么时候，人们都可以说，"至少在过去某个时刻，情况要比现在好"，然后让自己一心舒适地沉浸在回忆当中。事实上，从遥远的过去或未来寻找安慰的倾向是如此的强烈与普遍，以至于几乎在所有文化中都一再重复出现关于这两极的神话——伊甸园及其变体，即渴望在一种孩子般天真无邪的状态中过着更为幸福的生活，以及关于前面那个乐园的神话，这个乐园表现为天堂或地球上那些相信永恒、相信自动进步的人们的乌托邦。

据说，生活在对将来的希望中，是没有久经世故的人通常采用的逃避方法，因此，生活在过去则可能就是那些久经世故之人经常采用的逃避方法。在治疗中，这种类型的人知道，逃进对于未来在天堂中获得报偿的希望中，是不合时宜的，但是他们已经知道，谈论过去是完全得体的：因为人们的根本问题不都是根源于儿童早期吗？因此，这一真理可以被用作是一种简洁的合理化。因为当一个人在与妻子吵了一架后前来进行心理治疗时，他一开口就可能会谈论在儿童早期母亲是怎样对待他的，或者他与他的第一个女朋友是如何相处的。对他来说，这通常要比面对当前是什么导致了争吵，或者他在当前与妻子的关系中的动机是什么这个问题要容易得多。幸运的是，心理治疗师通常能够区分出，这个人是利用过去作为一种逃避的方法（在这种情况下，谈论过去将绝不会使他产生任何的心理变化），还是作为一种启发的根源以及从现在得到一种动力性的解脱。

现在，让我们来看一下超越时间的建设性方法。毫无疑问，一些读者已经在说，"但是，人们可能会意识不到时间的流逝，这是因为他非常专注于当前的时刻，而不仅仅是因为他让自己处在了一种麻木的状态中以逃避时间"。不错。在后一种情况下，一个小时就像一个星期般漫长，因为时光过得非常缓慢，让人感觉很痛苦；在前一种情况下——由于高度地专注于当前而没有意识到时间——一个小时就像一个星期，是因为它给人带来了非常多的欢乐和幸福。

歌德在其戏剧《浮士德》中，为我们描绘了一幅关于为超越时间而进行斗争的绝妙画面。浮士德与魔鬼靡菲斯特签订了契约，因为他感觉到厌烦、不满、"厌倦"，对于这项或那项活动都感到不满足，而且无法找到一种能够为他提供某种持久价值感的生活方式。实际上，歌德用更为诗意的形式描述了这个关于魔鬼无所事事、百无聊赖的民间传说，他让靡菲斯特用许多的话语说，对他而言，时间"完全是千篇一律的"。

> 于我们何益，这永无止境的创造……
> 它始终如一就好像它从不曾存在，
> 却又周而复始仿佛曾经存在过，不过：
> 与此相反，我宁愿选择这种永恒的虚无。

靡菲斯特的王国是单调、虚无的王国，这么说是多么生动啊！

随着故事的发展，浮士德得到了他所欲求的一切——他所爱的玛格丽特，后来得到了特洛伊的海伦，然后又得到了知识、权力，最后他还成了皇帝的大臣。到老的时候，他承担了修建堤坝的任务，挡住来潮的海水，这样就能使荒凉的沼泽变成绿地。于是这片土地上的人们就能耕种、播种了，而他们的牧群也在这片肥沃的土地上茁壮地成长。当浮士德注意到，由于他在文化与自然方面的创造性举动，人们获得了欢乐，这使他突然体验到了那种他从未体验过的东西，即永恒时刻的欢乐：

> 那时，我敢于为此刻的飞逝而欢呼：
> "啊，再停一会吧——你真美丽！"
> 我在尘世中之存在的踪迹不会，
> 永远消逝——它们就在那里！——
> 为这种崇高的幸福而感到骄傲，
> 现在，我享受着这个至高的瞬间——就是这种！

浮士德的这些话体现在"他在尘世之中的踪迹"的行动中，这些话具有一种永恒的意义，引导我们去探究这一问题，即人们怎样才能够找到"飞逝的瞬间"的意义？

## 孕育的时刻

要建设性地处理时间，必须做的第一件事情是，学会生活在当前时刻的现实之中。因为从心理学的角度讲，这个当前时刻是我们所拥有的一切。过去和未来之所以具有意义，是因为它们是当前的一部分：一个过去的事件之所以存在于现在，是因为你在当前这个时刻正在想着它，或者是因为它对你产生了影响，使得你作为一个在当前活着的存在而变得非常不同。未来之所以具有现实性，是因为人们能够在当前将它带到心绪中。过去是曾经的现在，而未来在即将来到的某个时刻也会成为现在。竭力要生活在将来"某个时候"或过去"那个时候"，总会引发一种人为的状态，即自我与现实的分离；因为人实际上是存在于当前的。过去之所以具有意义，是因为它为现在提供了指南，而将来具有意义，是因为它使得现在变得更为丰富、更为深刻。

当一个人直接审视自己时，他所能觉察到的是他在当前这个特定时刻的意识瞬间。这个意识瞬间是最为真实的，是不应该逃避的。

奥托·兰克博士是一位心理治疗师，他非常具有说服力地指出，过去和未来存在于心理学意义上的当前之中。在20世纪20年代，正统的精神分析陷入了困境，它人为地偏离到了缺乏现实性与动力性的过去之中，面临着要成为一种毫无生气的智力游戏的危险，就像考古学的探究，有趣但却无力改变任何人的生活，而这些，正是弗洛伊德曾经攻击学院派的理由。兰克震惊了心理治疗领域，将它重新拉回了现实之中，他指出，个人过去生活中的重要部分——例如儿童早期关系中的重要部分——将会出现在他当前的关系中。他早期与父亲和母亲的关系，会出现在他当前对待心理治疗师、妻子或老板的方式之中（弗洛伊德很恰当地称其为"移情"）。在心理治疗中，病人根本无须仅仅谈论这些过去的关系。事实胜于雄辩，他的基本冲突会直接地显现于在咨询室中所表现出来的愤怒、依赖、爱或者病人对心理治疗师的其他情感中——尽管这位病人他自己可能在当时没有意识到这就是他所表现出来的。这就是为什么在心理治疗中"体验"总是比谈论体验更为有力、更具疗效的原因。

生活于当前时刻绝不像表面看起来的那么容易。因为它要求要高度地意识到，个人的自我是一个正在体验的"我"。一个人越不能意识到自己是一个正在作出行动的个体，也就是说，他越不自由，越无意识，他就越不能意识到当前的时刻。就像一个正在竭力地逃避毫无意义而又一成不变的工作所带来的厌烦的人所描述的，"工作起来，我就好像成了另一个人，而不是我自己"。在这样的情境中，我们感觉仿佛自己与正在做的事情"相隔万里"，就好像是在"茫然迷乱"中、在梦中、"在半梦半醒中"作出行动的，或者就好像是我们的自我与当前之间横亘着一堵墙。

但是，一个人的意识越强——也就是说，他越能将自己体验为正在作出行动的、指导其所做之事的个体——那他越具活力，越能对当前时刻作出反应。就像自我意识本身一样，这种对当前现实的体验也是可以培养的。这样问自己通常是很有益处的，"就在这一刻，我体验到的是什么？"或者"在这个特定的时刻，我身在何处——从情感上讲，对我来说最为有意义的是什么？"

要面对当前时刻的现实，通常会引起焦虑。从最根本的层面上说，这种焦虑是一种关于"裸露"的模糊体验；这是与某种重要的现实面对面的感觉，而在这种现实面前，个体无法退缩，无法退却或躲开。它就像一个人突然与自己所爱、所倾慕的人面对面时可能产生的感觉：他面对的是一种必须对其作出反应、必须有所行动的紧张关系。这是一种高强度的体验，这种与此刻现实的即时、直接面对，就像高强度的创造性活动一样，它不仅会带来欢乐，同时也会带来这种裸露感和创造性焦虑。

为什么面对当前会产生焦虑，更为明显的原因是，它引出了关于决定与责任心的问题。对于过去，人们所能做的不多，而对于遥远的未来，人们几乎什么都不能做——因此，梦想过去或未来是多么令人愉快啊！多么不受烦扰，而没有考虑如何处理生活而产生的麻烦是多么轻松啊！刚与妻子吵过架的人可能会很宽慰地讨论他的母亲，但是还是要考虑一下，与妻子的争吵早晚会引起这样的问题，他打算怎么办？梦想"当我结婚以后"比面对"关于我的社会生活，我为什么现在不采取一些措施呢"这个问题要容易得多；若有所思地想着"大学毕业以后我将来的工作"，比问自己为什么他的学业在当前不是更为重要的、自己上大学的动机是什么要简单得多。

正如我们在前面提到的，确保未来之价值的最为有效的方法是勇敢地、富于建设性地面对现在。因为未来诞生于现在，是由现在造就的。在上面的引语中，浮士德道出了真理，即"他在尘世中之存在的踪迹不会永远消逝"。这就是说，每一个创造性的行动都有其不朽的一面。这不是凭借教会的许可，或仅仅是因为"影响的永存"，而是因为，正如我们在上面部分所指出的，在人类意识之中所作出的创造性行动，其根本的一个特征是，它不会受到量的时间的限制。没有人会根据完成一幅画所花费的时间或者它有多大来评价这幅画：难道我们在评价自己的行动时还按照比一幅画更为肤浅的标准吗？

这将我们带到了关于"永生"这个宗教观念的腐化形式上。"永生"这个词语一般用来指无穷无尽的时间，就好像永恒指的是年复一年，没有止境一样。在高速公路旁边的建筑物上，一些人经常会胡乱画上这个问题"你将在何处度过你的永恒"来挑动行人——其动机只有上帝才知道——从这个问题中，我们看到了这种观点。当你考虑这个问题时，就会发现这是一个很奇怪的问题。"度过"（Spend）暗含了一个特定的量——如果你花掉了一半的钱，那么你还剩一半；难道人们能够"花掉"一半或三分之二的永恒吗？这样一种关于永恒的观点不仅从心理学上讲是使人反感的——试想，一个人永无尽头地度过一年又一年，这是多么令人厌烦的前景啊！——而且从逻辑上讲是荒谬可笑的，从神学上讲是毫无根据的。永恒不是一个特定的时间量：它超越了时间。永恒是时间的质的意义。人们无须将听音乐时的体验等同于永恒的神学意义，就可以认识到，在音乐中——或者在爱中，在任何出自人的内在完整性的工作中——"永恒"是一种与生活相关联的方式，而不是"明天"的连续。

因此，耶稣宣称，"上帝的国就在你们心中"。这就是说，你关于永恒的体验可以见于你如何与每一特定时刻相关联的方式中——否则便没有任何体验可谈。歌德借浮士德的口说出了这句话，"对于这种崇高极乐的前感觉"，重复了这同一个真理：永恒作为存在的一种特质发生在当前时刻。

对"永恒"这一术语的败坏性用法，使得许多聪明之士对其采取回避的态度。而这是让人遗憾的，因为它意味着人类体验的一个重要方面被遗漏，并且在心理学和哲学上限制了我们的视野。别尔佳耶夫写道，"关于时间的问题很可能是哲学的根本问题"。他还补充说，"从它被结合到永恒之中并为时间的无结果性提供了一个结果的意义上说，时间中的一个瞬息也是具有价值的——仅仅因为它是永恒的一个原子……"①

因此，当前时刻不会被限制在时钟上的这一点到那一点之间。它一直是"有孕在身的"，一直随时准备打开、生产（give birth）。人们只能试着做这个实验，深入地观察自己的内心，比方说，尽可能追踪每一个随意的想法，然后他就会发现，人脑中每一时刻的意识都是非常丰富的，以至于联想和新的观念会四面八方地涌来。或者以梦为例——它出现在闹钟响起时意识的一刹那闪现中，但是，要说清楚它所描绘的一切可能需要相当长的时间。诚然，人总要挑挑拣拣。他不会长时间地生活在梦或幻想中——除非是很短暂地，如当他在作曲、接受精神分析治疗或者在想象中制订某个工作计划时。甚至在这种时候，对于那些正在显现为真实现实的令人心动的可能性，他也一直保持着清楚的意识。因此，用一种哲学的术语来说，这一刻总是有其"有限的"一面，这是成熟的个体永远都不会忘记的。但是，这一刻也总是有其无限的一面，它总是在召唤着新的可能性。时间对于人类来说不是一条廊道（corridor）；它是一种连续不断的展现（opening out）。

## 》"在永恒的光照中"

有许多体验会使我们从定量的、常规的时间踏车中突然中止，其中最主要的是对于死亡的思考。一位现代英国作家描述了许多年以来他是如何努力依照传统的方法来写作的。正如他所描述的，"我原以

---

① Nicolai Berdyaev, *Spirit and Reality*. New York, Charles Scribner's Sons, 1935.

为我可以根据程式进行写作";而且在那几年间,他只能在一个中庸的水平上缓慢而沉重地努力着。但是,在战争期间,他继续写道,"我找到了为什么从前我写的东西不能发表的原因……当我们所有人都在想着可能第二天便会呜呼哀哉时,我决定写下我所想的东西"。

正如事实上所发生的一样,当我们指出后来他写的东西获得了很大成功时,有些人可能就会用一种传统的成功训诫来解释这个例证,"如果你想获得成功,那你就应该写你所想写的东西"。但是当然,这样一种训诫完全漏掉了这一点。这位作家以前为了将来的目标——在今天,成功成了最主要的目标——而根据外在标准进行写作的需要,却正是阻止他发挥作为一个作家的特质与潜能的东西。而正是这种需要,是他在面临死亡时所放弃的。如果有人明天就可能死去,那为什么还要破坏自己的自我去适应这个标准或那个程式呢?假定成功与奖赏可能会由于遵循程式进行写作而获得——无论如何,这都是一件碰运气的事情——但人们可能无论如何也不能活不到那么久,于是也就不能享受到奖赏了,因此为什么不依循自己的完整性进行写作而让自我在这一刻获得欢愉呢?

死亡的可能性使我们从时间的脚踏车中松脱了出来,是因为它非常鲜明地提醒我们,我们不会无休止地生活下去。它使我们感到震惊并因此严肃认真地对待现在;那句用来合理化拖延耽搁的土耳其格言"明天也是一个有福天",再也不能给我们安慰,成为我们的借口了;我们不能永远地等下去。对于我们来说,这一事实更为重要,即尽管我们此刻没有死亡,但终有一天会死去,因此为什么不在此期间选择一种至少有趣的事情呢?《旧约》中那位所谓的玩世不恭的诗人,即传道者,实际上是非常现实的。在他重复出现的叠句"一切都是虚空"中,他指出,智者不会空等未来的报偿与惩罚。传道者接着说,"无论你的双手要做什么,都要尽力去做;因为在你必将要去的坟墓里,没有工作,没有物质,没有知识,没有智慧"。

斯宾诺莎喜欢说，一个人应该在永恒的形式之下作出行动。他写道，"因为我理解永恒就是存在本身……因为某一事物的存在，诸如一个永恒的真理……是无法通过持续时间或时间来解释的……"他接着说，事物的存在取决于其本质——这个观念并不像乍听起来那样深奥难懂。将其运用于个人的自我，只要一个人的行动发自于他自己本质的中心，那他就是"在永恒的形式之下"作出行动的。在上面那位作家的例子中，这样一种行动就是他写作的决定并非依据每周都会有起起落落的、外在的、会发生改变的一时风尚，而是源于那种使他成为一个个体的内在的、独特的、原初的品质。生活于永恒的时刻之中并不仅仅指生活的强度（尽管自我意识总能为个人的体验增加某种强度），它也不是指凭着绝对的教条（宗教的教条或其他教条）或道德规则来生活。相反，它指的是要自由地、有责任心地、有自我意识地，并根据个人作为一个人的独特品质而作出决定。

## 无论是什么时代

我们在这一章所作的讨论使得我们得出这一结论，即从最深刻的层面上说，我们与我们生活于什么时代这个问题是毫不相干的。

根本的问题是，在他对自己以及他所生活的时期的意识中，个体怎样才能通过他的决定获得内在的自由，并依照他自己内在的完整而生活。不管我们是生活在文艺复兴时期、13世纪的法国，还是罗马衰亡的时期，从各个方面讲，我们都是我们时代的重要部分——那个时代的战争、它的经济冲突、它的焦虑以及它的成就中都有我们的一份。但是，没有一个"完美整合的"社会能够替个体完成一切，替他们完成获得自我意识以及负责任地自己作出选择的能力这一任务，或者让我们解除这一任务。而且，任何创伤性的世界形势都不能剥夺个体作出关于自己的最后决定的特权，即使这仅仅是确认了他自己的命运。对于人们来说，若生活在另一个时代似乎从表面上看能更容易

"适应"——如那些人们可能非常渴望回顾的希腊"黄金时代"或文艺复兴时期。但是，除了在幻想中这么希望以外，这种希望生活在那些时代的想法，是基于一种对人与时间之间关系的错误理解之上的。实际上在那些时代，个体要想找到并选择成为自我，可能并不比现在容易。在我们当前，人们更需要与自己的自我达成协议；我们不能在我们历史时期的"母亲般的怀抱里得到歇息"。因此，如果这是一个可以在休憩室谈论的问题，那难道人们不应该认为个人最好应该学会找到自己，好好地生活在我们这个时代吗？从表面上看，生活在任何时代都有利弊。从一个更为深刻的层面上看，每一个个体都必须恢复他自己的自我意识，而且他是在一个超越了他所生活的特定时代的水平上做到这一点的。

对于个人的生理年龄来说也是如此。重要的问题不在于一个人是20岁、40岁还是60岁：而在于他在发展的这一特定水平上是否实现了他自己的自我意识能力。这就是为什么一个8岁的健康孩子——正如每个人所观察到的——能够比一个30岁患有神经症的成年人更健全的原因。从时间前后顺序的意义上讲，这个小孩并不比那个成年人更成熟，他所能做的事情没有那个成年人多，他也不能像那个成年人那样很好地照顾自己，但是当我们根据情感的诚实性、独创性以及能够对那些适合他那个发展阶段的问题作出选择的能力来判断成熟时，那么他就比那个成年人更为成熟了。20岁的那个人所说的话"当我35岁时，我就能开始生活了"，与一个40或50岁的人所哀叹的"我不能生活了，因为我已经失去了我的青春"都是基于错误的基础的。有趣的是，通过密切的观察，人们通常能发现，那位在50岁时发出哀叹，在20岁时却推迟生活的正是同一个人——这一事实甚至更为深刻地证明了我们的观点。

这种对时间的超越在戏剧《俄瑞斯忒斯》中也得到了阐明。正如我们在第四章所看到的，在他想要摆脱乱伦圈子的悲剧性斗争中，俄瑞斯忒斯能够在某种程度上克服"只能在他人的眼睛中看到自己"的倾向,因此,他能够在某种程度上客观地认识真理并"爱外面的世界"。这些是在永恒的形式之下生活的所有方法;它们表明了人类超越此刻特定情境的能力。其中包括超越迈锡尼,或者像俄瑞斯忒斯象征性地表达的,走出这座城市的界限,"走向人类"。在杰弗斯的剧本中,当俄瑞斯忒斯说着最后一句话离开舞台时,这句关于这位年轻人的最终死亡的总结性话语,准确无误地表达了我们的观点:

但是无论老少长幼,短命或长寿,

都不能说明什么

对于有意识地……

已经爬上了超越时间之塔的人来说[①]

人类的任务与可能性是,脱离他作为群体当中一个无思想、不自由的部分这样的原初状态,无论这个群体是他作为胎儿的早期真实存在,还是他象征性地成为顺从的、机械般的社会之群体的一部分——即离开子宫,也就是说,走出乱伦的圈子(这仅仅是离开子宫的一步),走过自我意识诞生的体验,走过成长的危机、斗争以及从熟悉走向不熟悉的选择与迈进,直到自我意识的扩展以及因此而产生的自由与责任心的不断扩展,最后到分化的更高水平,在这个更高的水平上,他在自由选择的爱以及创造性的工作中不断地让自己与他人融合到一起。这一进程当中的每一步都意味着,他越没有生活得就像是机械时间的奴仆,他就越可能超越时间,也就是说,他就越能成为一个凭借自己所选择的意义而生活的人。因此,一个能够在 30 岁时勇敢死去的人——他已经获得了一定程度的自由与分化,因此他能够勇敢地面对这种放弃自己生命的必要性——较之于一个 80 高龄即将寿终

---

[①] "Tower Beyond Tragedy",引自 Roan Stallion. 重印获得 Random House, Inc. 许可。版权属 Boni & Liveright 所有,1925 年。

正寝，但却畏畏缩缩，仍然乞求得到庇护、远离现实的人来说，更为成熟一些。

实际的含义是，人们的目标在于自由、诚实、富于责任心地生活于每一个时刻当中。因此，在每一个时刻，人们都在尽力地实现他自己的本性以及完成他的进化任务。这样，人们就能体验到伴随着实现他自己的本性而产生的欢乐与满足。那位年轻的讲师最终是否能完成他的著作仅仅是一个次要的问题：主要的问题是，他或者其他任何人是以某些特定的他认为将会"得到他人赞赏"的句子或段落来写作与思考，还是根据此刻的理解写下了他认为正确与诚实的东西。诚然，那位年轻的丈夫对5年以后与妻子的关系没有把握；但是在那些最佳的历史时期，难道人们对能否活过这个星期或这个月就有把握吗？难道我们这个时代的不确定性不是教会了我们最为重要的一课吗——即终极的标准是在相关联的某一个特定时刻里要诚实、正直、勇敢、富于爱心？如果没有这些，那我们无论如何也不能为未来而建构；而如果拥有了这些，那我们就能信赖将来本身了。

自由、责任心、勇气、爱以及内心完整等特质是理想的特质，从来都没有人曾完整地认识到这些特质，但是它们是我们的心理目标，为我们走向整合的过程赋予了意义。当苏格拉底在描述理想的生活方式和理想的社会时，格劳孔（Glaucon）反驳说，"苏格拉底，我不相信地球上任何地方有这样一座上帝之城"。苏格拉底回答说，"无论这样一座城市是存在于天堂，还是将来会存在于地球上，智者都将会遵循那座城市的方式而生活，与其他任何东西都没有关系，而且在这么看待它的时候，他就将会井然有序地布置自己的家"。

# 索 引

(所注页码为英文原书页码，即本书边码)

activism，117　能动性

Adam，181 ff.　亚当

Adler，Alfred，163　阿尔弗雷德·阿德勒

Aeschylus，126 ff.　埃斯库罗斯

aloneness，203　孤独

anonymous，authorities，25　匿名权威

anxiety，34 ff.　焦虑

　normal，42　正常的

　social，36 ff.　社会的

　and values，40 ff.　和价值观

apathy，20，24　冷淡

Arnold，Matthew，242　马修·阿诺德

art，66，222　艺术

Athena，127，132　雅典娜

Auden，W. H.，38，88，240　W. H. 奥登

authoritarianism，26，58，129，178，180，187，209　权威主义

authority，205，209　权威

Balzac，227　巴尔扎克

"being liked,"33，49　"被他人喜欢"

# 索　引

Berdyaev, Nicolai, 192, 252, 269　尼古拉斯·别尔佳耶夫

Binder, Joseph, 245　约瑟夫·宾德

Blake, William, 95　威廉·布莱克

body, 105 ff.　身体

boredom, 21, 260　厌烦


Camus, Albert, 58　阿尔贝特·加缪

Cannon, Walter B., 226　沃尔特·坎农

Cézanne, Paul, 53, 67　保罗·塞尚

Chaucer, 117　乔叟

child development, 83, 94, 120, 233, 243　儿童发展

Clytemnestra, 125 ff.　克吕泰墨斯特拉

communism, 178　共产主义

competitiveness, 46, 47, 159　竞争性

conflict, 119 ff.　冲突

　　in standards, 37, 49　……的标准

conformity, 22, 188, 199　顺从

conscience, 214, 215　良心

contemplation, 118　沉思

Cousins, Norman, 27　诺曼·卡曾斯

creativity, 139 ff.　创造力

Cummings, E. E., 259　E. E. 卡明斯


death, 31, 41, 271　死亡

*Death of a Salesman*, 28, 48, 75 ff.《推销员之死》

dependency, 136, 194, 242　依赖性

Descartes, René, 50, 70, 91　勒内·笛卡儿

>> 217

despair，24　失望

determinism，162 ff.　决定论

dichotomy between mind and body，72　心—身两分法

dictatorship，25，35，97，150　专政

differentiation，136　分化

disenchantment，70，72　解魅

dogmatism，211，252　教条主义

Dostoevski，184，188　陀思妥耶夫斯基

dreams，114　梦

drug addiction，24　药物成瘾


Ecclesiastes，272　传道者

ecstasy，139，246　出神

Electra，133　厄勒克特拉

Eliot，T. S.，16，64，105　艾略特

emptiness，14 ff.　空虚

Erikson，Erik，130　埃里克·埃里克森

ethical choice，218　道德选择

ethics，174 ff.　伦理学


faith，176，177　信仰

Faulkner，William，149　威廉·福克纳

Faust，168，264 ff.　浮士德

fears，40　恐惧

Fitzgerald，F. Scott，155　F·斯科特·菲茨杰拉德

*Fortune magazine*，22　《财富》杂志

freedom，84，145 ff.　自由

## 索 引

Freud, Sigmund, 13, 15, 17, 50, 53, 116, 191, 193, 206 西格蒙德·弗洛伊德

Fromm, Erich, 25, 64, 101, 115, 201, 211, 244, 260 埃里希·弗洛姆

Furies, The, 126 复仇女神

Giotto, 69 乔托

goals, 175 目标

God, definition of, 209 上帝,定义

Goethe, 65, 142, 168, 176, 201, 206, 264 歌德

Goldstein, Kurt, 224 库尔特·戈德斯坦

"Good Society," the, 160 "完美的社会"

grace, 213 恩典

Grand Inquisitor, 189 宗教法庭庭长

Hamlet, 137 哈姆雷特

hatred, 148 ff. 仇恨

health, 107 ff. 健康

Hebrew-Christian values, 49, 86 希伯来—基督教价值观

Hemingway, Ernest, 172 恩斯特·海明威

Herbert, George, 59 乔治·赫伯特

Hitler, 63 希特勒

Horney, Karen, 14 卡伦·霍妮

humility, 212 谦逊

humor, 61 ff. 幽默

Huxley, Aldous, 57, 98 阿尔都斯·赫胥黎

Ibsen, Henrik, 53　亨利克·易卜生

identity, 92　同一性

incest, 134　乱伦

individual reason, 49　个人的理性

individualism, 47　个人主义

inner conflict, 136　内部冲突

　　motives, 221　动机

introversion, 102　内倾

isolation, 95　隔离

James, William, 79, 226　威廉·詹姆士

Jeffers, Robinson, 126 ff.　鲁宾逊·杰弗斯

Jesus, 135, 191, 206, 212, 269　耶稣

joy, 96　快乐

Jung, C. G., 208, 260　C. G. 荣格

Kafka, Franz, 54, 56, 95, 151, 237　弗朗茨·卡夫卡

Kierkegaard, Soren, 30, 53, 101, 116, 168, 170, 191, 221, 222　瑟伦·克尔凯郭尔

Kinsey report, 15　金赛报告

Korzybski, Alfred, 257　阿尔弗雷德·科泽斯基

laissez faire, 46, 157　自由放任

language, 64 ff.　语言

*Life* magazine, 22　《生活》杂志

loneliness, 26 ff., 242　孤独

love, 238 ff.　爱

# 索 引

definition of，241 ……的定义

Lynd，R. S. and H. M.，178 R. S. 林德和 H. M. 林德

Macbeth，261 麦克白

McCarthyism，36，150 麦卡锡主义

Marx，Karl，56，262 卡尔·马克思

matriarchy，130 母权制

Meister Eckhart，163，222 迈斯特·爱克哈特

memory，258 记忆

Middle Ages，79，177 中世纪

Mill，John Stuart，94，192 约翰·斯图亚特·穆勒

Millay，Edna St. Vincent，171，202 埃德娜·圣·文森特·米莱

Miller，Arthur，75 ff. 阿瑟·米勒

"momism,"130 "尊母"

Mowrer，O. H.，174，179 O. H. 莫勒

Murphy，Gardner，106 加德纳·墨菲

narcissism，234 自恋

nature，68 ff. 自然

neurotic problems，17，137 神经症问题

Nietzsche，Friedrich，54，142，153，165，169，191，218，247 弗里德里希·尼采

Oedipus，249 ff. 俄狄浦斯

O'Neill，Eugene，76 尤金·奥尼尔

Orestes，125 ff.，274 俄瑞斯忒斯

Pascal，30，250　帕斯卡

"passivism"，116　被动性

passivity，20，107　被动

Picasso，68　毕加索

Plato，251　柏拉图

Prometheus，183，227　普罗米修斯

psychosis，32　精神病

public opinion，25　公众舆论

"radar-directed"，19　"雷达型的"

Rank，Otto，13，266　奥托·兰克

rebellion，138，154 ff.，185　反抗

religion，193 ff.　宗教

 definition of，210　……的定义

remembering，251　记忆

Renaissance，46，66，69，70，79　文艺复兴

responsibility，89，173，205　责任心

Riesman，David，18，179　戴维·里斯曼

Russell，Bertrand，34　贝特兰·罗素

Sartre，Jean Paul，165　让·保罗·萨特

Schlesinger，Arthur，M.，Jr.，178　小亚瑟·M·施莱辛格

Schopenhauer，247　叔本华

self，55　自我

 definition of，90 ff.　……的定义

self-awareness，32，75，84，106　自我意识

 and anxiety，43 ff.　和焦虑

索 引

self-consciousness，84，102，161，自我觉知
　　stages in，138　的阶段
self-contempt，97 ff. 自我轻蔑
self-discipline，164，173　自律
selfishness，101　自私
self-love，101　自爱
self-pity，153　自怜
sex，15，60，108，112　性
Socrates，41，96，165，237，276　苏格拉底
Spinoza，50，99，173，191，198，204，272　斯宾诺莎
spontaneity，113　自发性
Stevenson, Robert Louis，118　罗伯特·路易斯·史蒂文森
Strecker, Edward A.，130　爱德华·A·斯特雷克
subconscious，114　下意识
suicide，169 ff. 自杀
Sullivan, Harry Stack，243　哈里·斯塔克·沙利文
superstition，35，72　迷信

tenderness，245　温柔
ties to parents，119 ff. 与父母的联系
Tillich Paul，22，70，167，210，215，222，238　保罗·蒂利希
totalitarianism，57　极权主义
tragedy，75 ff. 悲剧
truth，247 ff. 真理
tuberculosis，110，163　肺结核

\>\> 223

values, 175 ff., 216 ff. 价值观
   in modern society, 46 ff. 在现代社会
Van Gogh, Vincent, 67 文森特·凡·高
Victorianism, 17 维多利亚时代
"voodoo death", 226 "巫毒教死亡仪式"

Watson, John B., 56 约翰·B·华生
White, E. B., 62 怀特
Whitman, Walt, 85 沃尔特·惠特曼
wonder, 211 惊奇
Wordsworth, William, 71, 72 威廉·华兹华斯
world crisis, 17, 34, 35 世界危机

Man's Search for Himself by Rollo May

Copyright © 1953 by W. W. Norton & Company, Inc.

All Rights Reserved.

Simplified Chinese version © 2013 by China Renmin University Press.

图书在版编目（CIP）数据

人的自我寻求/（美）梅（May, R.）著；郭本禹，方红译.—北京：中国人民大学出版社，2013.7
（西方心理学大师经典译丛/主编郭本禹）
ISBN 978-7-300-17739-7

Ⅰ.①人… Ⅱ.①梅…②郭…③方… Ⅲ.①存在主义-心理学学派-研究 Ⅳ.①B84-066

中国版本图书馆CIP数据核字（2013）第147186号

西方心理学大师经典译丛
主编 郭本禹
**人的自我寻求**
［美］罗洛·梅 著
郭本禹 方 红 译
Ren de Ziwo Xunqiu

| 出版发行 | 中国人民大学出版社 | | |
|---|---|---|---|
| 社　　址 | 北京中关村大街31号 | 邮政编码 | 100080 |
| 电　　话 | 010-62511242（总编室） | 010-62511770（质管部） | |
| | 010-82501766（邮购部） | 010-62514148（门市部） | |
| | 010-62515195（发行公司） | 010-62515275（盗版举报） | |
| 网　　址 | http://www.crup.com.cn | | |
| 经　　销 | 新华书店 | | |
| 印　　刷 | 天津中印联印务有限公司 | | |
| 规　　格 | 155 mm×230 mm　16开本 | 版　次 | 2013年9月第1版 |
| 印　　张 | 16.25 插页3 | 印　次 | 2023年11月第10次印刷 |
| 字　　数 | 199 000 | 定　价 | 59.00元 |

版权所有　侵权必究　　印装差错　负责调换